电磁超表面极化调控理论及应用

黄晓俊　编著

西安电子科技大学出版社

内 容 简 介

本书较为详细地介绍了电磁超表面极化调控理论及应用。全书共 6 章，第 1 章介绍了极化调控超表面的研究背景及意义和国内外研究现状，第 2 章介绍了极化调控的基本理论，第 3～6 章分别介绍了多频极化转换器、宽频极化转换器、非对称传输器及可重构极化转换器的设计方法、技术实现与实验验证。书中给出了许多极化器的设计实例，突出了实用性、先进性和可操作性，为读者提供了一个全面而深入的电磁超表面极化调控研究参考。

本书可供微波天线技术、超材料产品设计等方向的科研人员和工程技术人员参考，同时也可作为高等院校和科研院所相关专业学生的参考书。

图书在版编目(CIP)数据

电磁超表面极化调控理论及应用/黄晓俊编著. --西安：西安电子科技大学出版社，2025.8

ISBN 978 - 7 - 5606 - 7025 - 6

Ⅰ. ①电… Ⅱ. ①黄… Ⅲ. ①电磁—表面波—极化(电子学)—研究 Ⅳ. ①O353.2

中国国家版本馆 CIP 数据核字(2023)第 159569 号

策　　划　刘小莉
责任编辑　刘小莉
出版发行　西安电子科技大学出版社(西安市太白南路 2 号)
电　　话　(029)88202421　88201467　　邮　　编　710071
网　　址　www.xduph.com　　　　　　电子邮箱　xdupfxb001@163.com
经　　销　新华书店
印刷单位　咸阳华盛印务有限责任公司
版　　次　2025 年 8 月第 1 版　2025 年 8 月第 1 次印刷
开　　本　787 毫米×1092 毫米　1/16　印　张　9
字　　数　158 千字
定　　价　40.00 元
ISBN 978 - 7 - 5606 - 7025 - 6/O

XDUP7327001 - 1

＊＊＊如有印装问题可调换＊＊＊

前　言

　　电磁超表面作为一种新兴的功能材料，已经引起了研究者的广泛关注，其可以通过调节微观结构来实现对电磁波的调控。极化调控是电磁超表面的重要应用方向之一，在通信、雷达、天线等领域具有广泛的应用前景。例如，通过控制电磁超表面的极化状态，可以实现多波束天线、相控阵雷达等所依赖的部分关键功能，进而提高通信和雷达系统的性能。此外，电磁超表面的极化调控还可以应用于光电子器件、传感器等领域，并有望在光通信、生物医学等方面产生深远的影响。当前，电磁超表面的研究正处于快速发展阶段，本书旨在为读者提供全面而深入的电磁超表面极化调控研究参考，推动该领域的研究进展，为相关领域的学者和工程师提供重要的参考资料。

　　本书系统阐述了基于电磁超表面极化调控的基本理论，在总结国内外极化调控超表面研究成果的基础上，重点介绍了作者所在科研团队近年来在基于超表面的极化调控研究方面所取得的成果。本书主要对多频极化转换器、宽频极化转换器、非对称传输器及可重构极化转换器进行论述与探讨，涉及相应极化器件的结构设计、性能表征、制备、实验验证等方面。这些内容对基于电磁超表面的极化器件的发展和应用都具有重要的科学意义。

　　全书共 6 章，第 1 章介绍极化调控超表面的研究背景及意义和国内外研究现状，第 2 章介绍基于超表面极化调控的基本理论，第 3 章主要介绍微波段多频极化转换器的设计实例，第 4 章主要介绍宽频极化转换器的设计实例，第 5 章主要介绍非对称传输器件，第 6 章主要介绍可重构极化转换器的设计与实现。

　　本书的研究工作得到了国家自然科学基金（61701206、41474117）和陕西省自然科学基金（2019JLZ-08、2020GY-029、2021JM-395）的资助，在此表示诚挚的感谢。

　　限于时间、精力、水平等，书中难免存在不足之处，恳请读者批评指正！

编著者

2025 年元月

目　录

第1章　绪论 ……………………………………………………………………… 1

1.1　研究背景及意义 …………………………………………………………… 1

1.2　国内外研究现状 …………………………………………………………… 2

　　1.2.1　超材料概述 ………………………………………………………… 2

　　1.2.2　极化调控超表面的研究现状 ……………………………………… 4

　　1.2.3　极化可重构超表面的研究现状 …………………………………… 8

第2章　极化调控的基本理论 ……………………………………………… 16

2.1　各向异性介质中的电磁场 ……………………………………………… 16

2.2　传输矩阵 ………………………………………………………………… 18

　　2.2.1　琼斯矢量和琼斯矩阵 ……………………………………………… 18

　　2.2.2　斯托克斯矢量和穆勒矩阵 ………………………………………… 19

2.3　极化转换超表面的原理分析 …………………………………………… 20

2.4　可重构超表面的原理分析 ……………………………………………… 22

2.5　电磁仿真与测量理论 …………………………………………………… 25

第3章　多频极化转换器 …………………………………………………… 27

3.1　三波段反射型线—圆极化转换器 ……………………………………… 27

　　3.1.1　结构设计 …………………………………………………………… 27

　　3.1.2　结果与讨论 ………………………………………………………… 28

3.2　多频段反射型极化转换器 ……………………………………………… 33

　　3.2.1　结构设计 …………………………………………………………… 33

　　3.2.2　结果与讨论 ………………………………………………………… 35

3.3　基于Ⅱ型结构的高效非对称传输宽带线极化转换器 ………………… 39

　　3.3.1　结构设计 …………………………………………………………… 39

　　3.3.2　结果与讨论 ………………………………………………………… 40

3.4　透反一体双功能超表面极化转换器 …………………………………… 44

　　3.4.1　结构设计 …………………………………………………………… 44

　　3.4.2　结果与讨论 ………………………………………………………… 46

第4章　宽频极化转换器 …………………………………………………… 54

4.1　基于Wi-Fi形状超表面的反射型线—圆极化转换器 ………………… 54

　　4.1.1　结构设计 …………………………………………………………… 54

      4.1.2　结果与讨论 ·· 57

      4.1.3　实验验证 ·· 65

  4.2　超薄双频超表面极化转换器 ·································· 66

      4.2.1　仿真和实验 ·· 66

      4.2.2　结果与讨论 ·· 67

第 5 章　非对称传输器 ·· 76

  5.1　基于手性超表面的高效非对称传输器 ···················· 76

      5.1.1　设计、仿真与实验 ····································· 76

      5.1.2　结果与讨论 ·· 77

  5.2　基于光栅结构的高效非对称传输器 ······················ 83

      5.2.1　设计、仿真与实验 ····································· 83

      5.2.2　结果与讨论 ·· 84

  5.3　基于双各向异性超材料的超宽带非对称传输器 ·········· 91

      5.3.1　设计、仿真与实验 ····································· 91

      5.3.2　结果与讨论 ·· 93

第 6 章　可重构极化转换器 ·· 98

  6.1　宽带可重构极化转换器 ·································· 98

      6.1.1　设计原理 ·· 98

      6.1.2　结构设计 ·· 99

      6.1.3　仿真结果与性能表征 ·································· 100

      6.1.4　极化调控特性分析 ····································· 102

      6.1.5　实验验证 ··· 106

  6.2　频域可重构极化转换器 ·································· 108

      6.2.1　频域可重构调控原理 ·································· 108

      6.2.2　可重构单元结构设计 ·································· 109

      6.2.3　仿真结果与性能表征 ·································· 109

      6.2.4　极化调控特性分析 ····································· 112

      6.2.5　实验验证 ··· 118

参考文献 ·· 121

第1章 绪　　论

1.1　研究背景及意义

电磁波在无线通信领域中扮演着不可或缺的角色。一般而言，电磁波在真空和介质中的传播(包括反射和透射)取决于介质的介电常数 ε 和磁导率 μ。现有大多数自然材料的 ε 和 μ 的取值可能性有限，很少存在 ε 和 μ 均为负的自然材料。同时，由于自然材料具有损耗大、不易于集成等缺点，限制了其灵活调控电磁波传播的可能性。近年来，人工电磁材料(metamaterials，又称为超材料)的电磁特性不再取决于材料本身的特性，而是由人为设计的亚波长结构的电磁谐振特性决定。人为设计超材料的有效介电常数和磁导率，能够极大地丰富电磁波调控的理论和方法，为电磁波的调控带来诸多的便利和广阔的应用前景。

超材料是指人为设计的具有自然材料所不具备的奇异物理特性的人工三维复合材料。21 世纪初，Smith 在实验室制备出第一块微波频段负折射超材料，拉开了电磁超材料设计与应用的序幕[1]。从此以后，人工电磁材料被广泛地应用于电磁隐身、完美透镜、隐身斗篷等领域[2-6]。随着探索的深入，研究人员发现超材料存在损耗大、难以加工、转换效率低等缺点。2003 年，Holloway 首次提出了超表面的概念[7]。超表面作为二维的超材料，具有剖面低、成本低、易加工和曲面共形等特点，为设计电磁波极化调控的功能器件提供了新的研究思路和方法。

电磁波的极化状态是雷达通信、雷达目标识别、光通信和卫星通信系统中重要的物理参数。在经典的数字通信传输系统中，通常只是将电磁波的标量参数(如振幅、相位、频率等)作为编码和信息传输的基本物理量，然而，电磁波的矢量特性(如方向、极化等)在经典的无线传输系统中却没有得到有效的利用。要想实现电磁波矢量参数的编码和信息传输，重要的是设计能任意调控电磁波矢量参数的电磁器件。因此,人为设计能任意调控电磁波极化功能的电磁器件是目前电磁调控领域关注的热点问题。传统的方法是利用自然材料的双折射效应,通过增加材料厚度来实现相位的累积,但这种方法会导致器件体积过大,难以小型化。另外,自然材料的损耗较大,会导致极化调控的效率较低。

目前,电磁超表面的研究为灵活高效地操纵电磁波提供了有效的途径,并在诸多工程领域展现出广泛的应用潜力,例如极化转换[8-12]、电磁吸收[13-17]、波束调控[18-20]、超透镜设计[21-23]、高增益天线[24-28]和射频器件开发[29-31]等。早期大部分基于电磁超表面的器件存在功能单一的缺点,一旦设计完成,其相应的功能也随之确定,这在很大程度上限制了其应用的范围。为了满足多功能场景下电磁波极化调控的可重构需求,本书主要围绕电磁波极化调控和可重构超表面开展具有极化复用和频分复用功能的反射型可重构极化调控超表面的研究,为设计新型电磁波极化调控器件提供新的思路。

1.2   国内外研究现状

1.2.1   超材料概述

"超材料"的概念最早是由美国得克萨斯大学奥斯汀分校的 Walser 教授于 2000 年提出的[32]。众所周知,材料的电磁学特性一般可用介电常数 ε 和磁导率 μ 来描述,早期超材料的研究主要集中于具有负介电常数 ε 和负磁导率 μ 的电磁超材料。如果采用周期性的"人工原子"代替自然原子来进行重建,则可以看到,ε 和 μ 单个为负或者同时为负在数学上是可行的。实际上,在自然界中,ε 和 μ 单负或同正的材料是普遍存在的。图 1.1 给出了基于 ε 和 μ 的材料属性分类情况。图中,第一象限表征了自然界中存在的大多数材料,常见的代表材料有电介质、水和玻璃等,电场、磁场和波矢三者之间满足右手螺旋定则;第二象限表征了自然界中存在的少数材料,例如等离子体,电磁波在这类介质中的传播表现出极大的衰减;第三象限表征了自然界中不存在的双负超材料,电磁波在这类介质中的相位传播方向与能量方向相反,具有后向传播特性;第四象限中的材料与第二象限中的材料具有类似的性质,根据亥姆霍兹方程,由于磁导率为负,电磁波没有波动解,因此电磁波在这类介质中的传播同样具有极大的衰减,这类材料在自然界中少数情况下存在,例如磁旋光材料。值得注意的是,当 ε 和 μ 均为 0 时,材料的折射率为 0,即得到零折射率材料,包括零介电常数材料、零磁导率材料和强各向异性材料等[33-37]。此外，理想电导体和理想磁导体可看作 ε 和 μ 均为无穷大的材料。

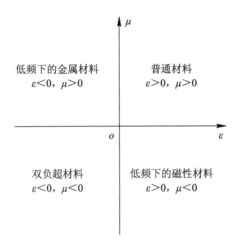

图 1.1　基于 ε 和 μ 的材料属性分类情况

1968 年，Veselago 提出了双负指数的设想，并且从理论上证明了双负介质(具有双负性质的介质也称为左手材料)的物理特性，同时系统地分析和总结了左手材料诸多奇异的物理特性[38]。然而，由于没有天然的左手材料又缺少实验的验证，因此左手材料的概念在提出之后一直没有得到足够的重视。直到 30 年后，英国的 Pendry 教授等人在微波频段提出了具有等效负介电常数的人工电磁超材料，其结构如图 1.2(a)所示[39]。1999 年，Pendry 等人利用非磁性的金属开口谐振环(split ring resonator，SRR)在微波段实现了负磁导率效应，相应超材料的周期结构如图 1.2(b)所示[40]。2000 年，Smith 等人根据 Pendry 等人提出的理论方案，将金属圆柱阵列和开口谐振环结合起来，实现了介电常数和磁导率的双负效应[1]，相应超材料的周期结构如图 1.2(c)所示[41]。2001 年，Shelby 等人率先在实验上验证了负折射现象。在上述成果的激励下，左手材料的研究得到了长足的发展，研究人员提出了螺旋形谐振器、多路开环谐振器(MSRR)、Ω 结构、"渔网"结构和 Chen 等人实现透射型的负折射现象所利用的 S 结构[42-45]。上述这些结构的物理参数可通过场平均法和 S 参数法进行分析。然而，三维的超材料结构在实际的加工制造上存在较大的困难，同时损耗较高且带宽较窄，这些都是制约超材料发展的因素。近几年发现，超材料的二维结构——超表面具有与三维结构相同的亚波长特性，但相比而言，超表面具有更容易加工、损耗更小等特点，这为超材料的研究和发展提供了新的思路，同时也提高了超材料实际的应用能力和价值。

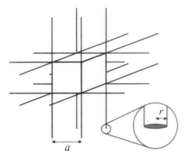

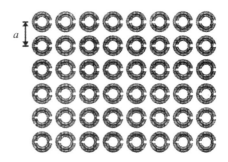

(a) 负介电常数超材料结构 　　　　　(b) 负磁导率超材料周期结构

(c) 双负超材料周期结构

图 1.2　早期的单负和双负超材料结构

1.2.2　极化调控超表面的研究现状

按照电磁波的传播方式不同，超表面可分成反射型[46-50]超表面和透射型[51-55]超表面两大类。国内最早由复旦大学的周磊教授团队于 2007 年提出了各向异性反射式超构材料，用来实现对电磁波极化状态的调控[56]。该材料由顶层、中间介质层和金属背板组成，其"工"型超表面如图 1.3(a)所示，周磊教授团队通过仿真与实验验证了其在 6.87 GHz 处可以实现不同电磁波正交极化状态的转换。2011 年，美国哈佛大学的 Capasso 教授团队提出了一种"V"型纳米阵列超表面，如图 1.3(b)所示，通过改变"V"型的大小与开口角度实现了对传播相位的调控[57]。当电磁波入射到超表面时，这种特殊的排列方式会产生反射波的相位梯度，从而实现电磁波的反射与折射的相位调控。此外，文献[57]中提出了广义的反射与折射定律，可用来分析和设计具有异常波束控制的超表面。同时，这一成果为设计具有相位调控功能的极化器件奠定了理论基础，进一步推进了超表面在电磁波控制方面的研究与发展。

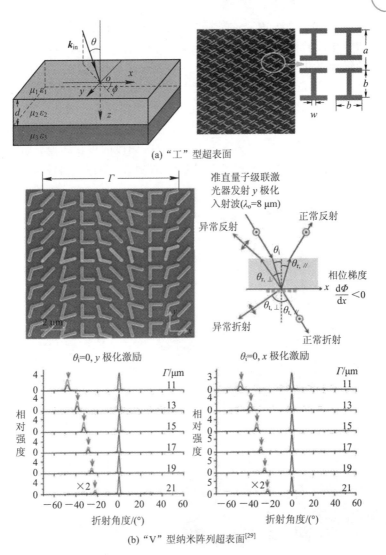

(a) "工" 型超表面

(b) "V" 型纳米阵列超表面[29]

图 1.3　反射型和透射型各向异性超表面

2015 年，Gao 等人提出了一种基于双 "V" 型的高效率超宽带线极化转换超表面，如图 1.4(a)所示[58]。该结构在 12.40～27.96 GHz 频率范围内实现了线极化波的正交极化转换，其极化转换率大于 0.9。同时，该结构还具有良好的广角性质。2020 年，Wang 等人提出了具有宽频带和广角特性的单衬底超表面，实现了线极化波到圆极化波的极化转换，在正常入射时，该结构仿真与实验的轴比小于 3 dB 的带宽可以分别达到 69% 和 74%，在插入损耗小于 3 dB 和 2 dB 的情况下，实验的 3 dB 轴比带宽分别保持了 70% 和 55%，如图

1.4(b)所示[59]。2019 年，Khan 等人提出了一种具有线性交叉极化转换和线极化波到圆极化波转换功能的超薄单层超表面，在 X 波段实现了极化转换率超过 0.9 的线性极化转换，而线极化波到圆极化波的极化转换则分别在 7.5～7.7 GHz 和 11.5～11.9 GHz 两个频段上实现，如图 1.4(c)所示[8]。此外，在 45°入射角的变化范围内 TM 和 TE 极化波均能实现稳定的极化转换。2020 年，Fei 等人提出了一种多功能交叉极化转换手性超表面，分别实现了 TM 和 TE 极化波在 29.3～38.8 GHz 和 34.0～36.6 GHz 频段的极化转换，如图 1.4(d) 所示[60]。此外，该转换器还实现了圆极化波在 34.5～36.6 GHz 频段的转换。

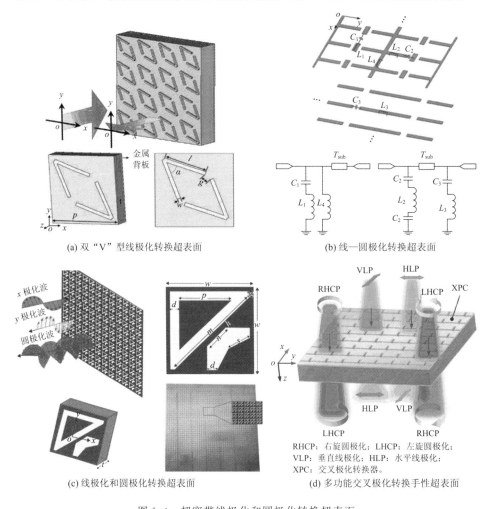

(a) 双"V"型线极化转换超表面

(b) 线—圆极化转换超表面

(c) 线极化和圆极化转换超表面

(d) 多功能交叉极化转换手性超表面

RHCP：右旋圆极化；LHCP：左旋圆极化；
VLP：垂直线极化；HLP：水平线极化；
XPC：交叉极化转换器。

图 1.4 超宽带线极化和圆极化转换超表面

近年来，一些具有多频段极化转换功能的超表面也相继被提出和证实。

2018 年，Zheng 等人提出了一种宽带、阶梯型的极化转换器，如图 1.5(a)所示[61]。该器件实现了线极化波到正交线极化波和线极化波到圆极化波的极化转换。仿真结果表明，该器件可以将 y/x 极化入射的电磁波在 6.53～12.07 GHz 频段内以相对带宽为 59.6 %、极化转换率超过 0.88 的效率转换成 x/y 极化波。除此之外，y/x 极化入射的电磁波在 13.70～15.60 GHz 的频段内可以被转换成圆极化反射波。2021 年，Kamal 等人介绍了一种双频带极化转换超表面[62]，如图 1.5(b)所示。在两个频带范围内，超表面作为线性极化入射波的极化转换器，在 5.4～9.0 GHz 范围内的极化转换率大于 0.93，在 14.6～16.1 GHz 范围内的极化转换率大于 0.99。2020 年，Fahad 等人提出了一种超薄、宽带的三频带极化转换器[63]，如图 1.5(c)所示，实现了 X 波段(7.3～9.6 GHz)和双 Ka 波段(25.4～31.4 GHz，35.4～42.2 GHz)的线极化到圆极化转换并且在[−25°，25°]具有角度的不敏感特性。2021 年，Li 团队提出了一种线极化波转换到左旋圆极化波和右旋圆极化波的四频带透射超表面，如图 1.5(d)所示[64]。在 y 极化波入射时，可实现 3.14～3.32 GHz、4.41～4.46 GHz、14.82～16.05 GHz 三频段内的左旋圆极化转换，而 x 极化波在 9.45～10.12 GHz 频段内可实现右旋圆极化转换。该超表面可用于多波段通信和多功能双圆极化天线系统。

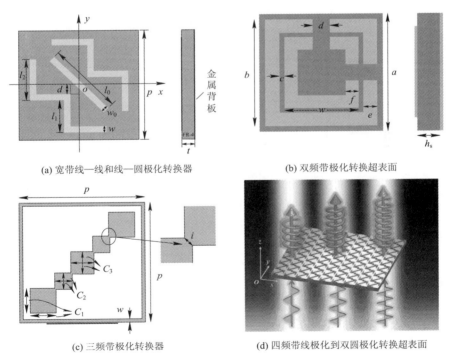

(a) 宽带线—线和线—圆极化转换器　　　　(b) 双频带极化转换超表面

(c) 三频带极化转换器　　　　(d) 四频带线极化到双圆极化转换超表面

图 1.5　多频带线极化和圆极化转换超表面

常规的超表面的电磁特性主要是由基本单元的结构参数和介质基板的材料属性决定的。然而针对电磁波某一频点或者特定频段的功能设计一旦完成，超表面实现的电磁性能也随之确定，不能进行动态的调控。随着通信容量的增加，单一的功能很难满足需求，例如在波束控制、电磁全息、极化重构等领域都需要具有复用功能的超表面。因此，具有动态调控能力的超表面研究是当前电磁波调控器件研究的重要领域之一。

1.2.3　极化可重构超表面的研究现状

图 1.6 给出了可重构超表面的不同实现方式，一般分为机械方式和电控方式两类。机械方式通常涉及高度平移或者单元旋转，这就使得重构的速度慢、集成度差[65]。对于电控方式，在微波波段需要加载集总元件，如 PIN 二极管[66-68]、变容二极管[69-71]、射频 MEMS(微机电系统)[72]；在太赫兹波段乃至可见光波段通常使用功能材料，如液晶[73-75]、铁电材料[76-78]、相变材料[79]、石墨烯[80-82]等。本小节着重介绍基于集总元件实现电磁波极化功能可重构超表面的研究现状。

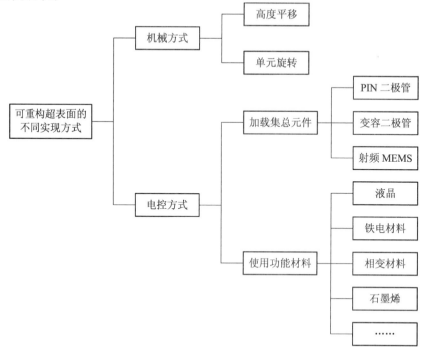

图 1.6　可重构超表面的不同实现方式

2018 年，Gao 等人提出了一种基于变容二极管的可重构宽带极化转换超表面，如图 1.7(a) 所示，利用变容二极管在不同电压下连续变化的电容效应实现了线极化波的转换[69]。当无偏置电压时，该超表面能够在 3.9～7.9 GHz 范围内实现转换率大于 0.8 的线极化转换；在 −19 V 的偏置电压下，该超表面在 4.9～8.2 GHz 范围内实现了线极化波到圆极化波的转换。2020 年，Li 等人基于变容二极管设计了具有滤波功能的带通频率选择超表面，如图 1.7(b) 所示，利用二极管电容值的变化实现了不同频率范围的极化波传输并将其应用在 Snell's 透镜[83]。此外，研究人员也相继提出了加载射频 MEMS 的超表面。2014 年，Debogovic 等人提出了基于 MEMS 的可重构 1 bit 反射阵，如图 1.7(c) 所示，独立的反射相位控制每个线性分量的双极化波[84]。2018 年，Yu 等人提出了一种基于 MEMS 的可重构宽带极化转换超表面，如图 1.7(d) 所示。当 MEMS 导通时，它可以在 7.93～12.42 GHz 范围内将线极化波反射后转换为正交线极化波；当 MEMS 断开时，它可以在 8.07～10.77 GHz 范围内将线极化波转换为反射的圆极化波[85]。

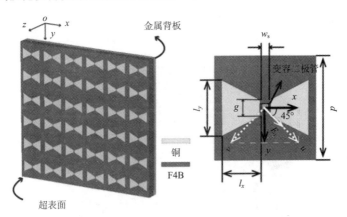

(a) 基于变容二极管的可重构超表面

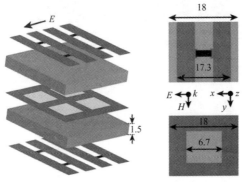

(b) 基于变容二极管的带通频率选择超表面

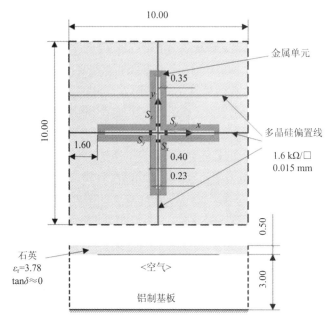

(c) 基于 MEMS 的可重构反射阵

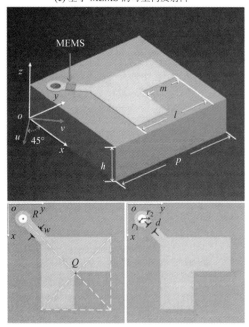

(d) 基于 MEMS 的可重构极化转换超表面

图 1.7 基于变容二极管和 MEMS 的可重构超表面

PIN 二极管是射频电路中常见的电子开关，通过在无源的超表面中加载 PIN 二极管来实现电磁波的可重构功能也得到迅速的发展。2014 年，Ma 团队提出了一种用于极化控制的有源超材料[86]，在十字缝隙单元结构之间嵌入型号为 MA4SPS502 的 PIN 二极管，改变 PIN 二极管的通断状态，可使得结构在手性与各向异性之间相互切换，如图 1.8(a)所示。在手性结构状态可以实现线极化波转换为右旋圆极化波或者左旋圆极化波的功能，在各向异性状态可以保持入射波的极化状态不变。2018 年，Sun 团队提出了一种在正方形外环缝隙中嵌入 BAR64-03W 型号的 PIN 二极管来实现全反射与线极化波可重构的超表面，如图 1.8(b)所示[87]。在转换模式下，x 极化和 y 极化正常入射波在 3.39～5.01 GHz 范围内的极化转换率在 0.88 以上。在共极化反射模式下，超表面表现为完美电导体，实现了对入射波的全反射，在 3.83～4.74 GHz 范围内的共极化反射幅度超过 -1 dB，极化转换率小于 0.1。此后，更多新颖的极化功能组合被相继报道出来。2019 年，Tian 等人提出了一种可重构的超宽带反射型极化转换超表面，如图 1.8(c)所示[68]。该结构由有源切换层和底部馈线组成，设计顶层介质的目的是拓展带宽。仿真和实验结果表明：在 6.5～19.9 GHz 频率范围内可以实现不同极化方向的线极化波之间的极化转换，极化转换率高于 0.9；在 7.6～23.6 GHz 频率范围内可以实现轴比小于 3 dB 的线极化波到圆极化波的极化转换。2020 年，Li 等人提出了一种吸收和极化转换可切换的有源超表面，如图 1.8(d)所示[88]。当 PIN 二极管断开时，该结构可以实现 3.7～10.7 GHz 范围内吸收率超过 0.9 的宽带吸波功能。当 PIN 二极管处于开状态时，平行的集总电阻会短路，该结构转变为长方形环，从而实现 5.9～9.6 GHz 范围内的宽带线极化波转换。

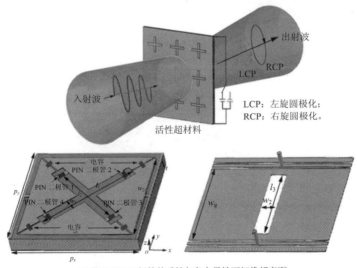

(a) 基于 PIN 二极管的手性与各向异性可切换超表面

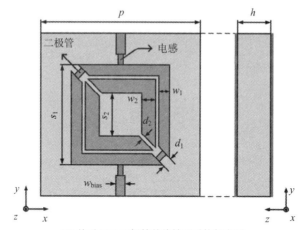

(b) 基于 PIN 二极管的线性可重构超表面

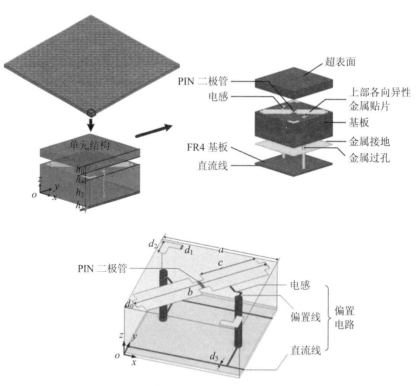

(c) 可重构超宽带反射型极化转换超表面

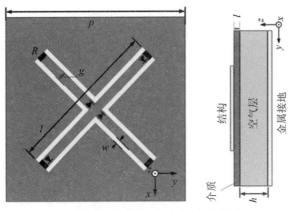

(d) 吸收和极化转换可切换的有源超表面

图 1.8 基于 PIN 二极管的双功能可重构超表面

　　近几年，多功能极化可重构超表面也进入了快速发展的阶段，实现了多种极化功能的集成。通过控制 PIN 二极管的通断，超表面结构的连接方式与谐振状态发生变化，从而引起电磁响应的改变。2018 年，Li 等人提出了一种宽带、多功能、可切换的线极化波转换的超表面，如图 1.9(a) 所示[89]。通过改变顶层和底层二极管的通断，该超表面实现了在二极管不同组合形式下(包括极化分离与极化转换在内)的多种极化功能的可切换。在此基础上 Li 等人又设计了具有透射与反射选择功能的可重构超表面，如图 1.9(b) 所示[90]，实现了同频段内的 x 和 y 极化波在不同二极管状态下的反射与传输功能。通过合理地设计馈电网络，每个 PIN 二极管被独立地控制，实现了一系列空间域的波束调控，促进了可重构超表面更快地进入工程应用阶段。2016 年，Yang 等人提出了一种具有动态极化、散射和聚焦控制功能的可编程超表面，如图 1.9(c) 所示[91]。该超表面实质上是通过 PIN 二极管来控制反射波的振幅与相位，并结合阵列编码的基本原理实现对空间电磁波的调控。2021 年，Wang 团队提出了一种电磁波全空间控制的可重构多功能超表面，如图 1.9(d) 所示[92]。该超表面通过改变上下两层二极管的状态实现了反射、传输和吸收。特别是在全反射状态，通过偏置电压来改变数字编码序列，使电磁波以可编程的方式被进一步操纵，验证了可重构多功能超表面在隐身天线罩中的潜在应用。

　　综上所述，超材料、极化调控超表面与极化可重构超表面已经进入了快速发展的阶段。其中多功能的极化可重构超表面的研究为解决当前无线通信技术领域中频谱资源匮乏的问题提供了新的思路与方法。

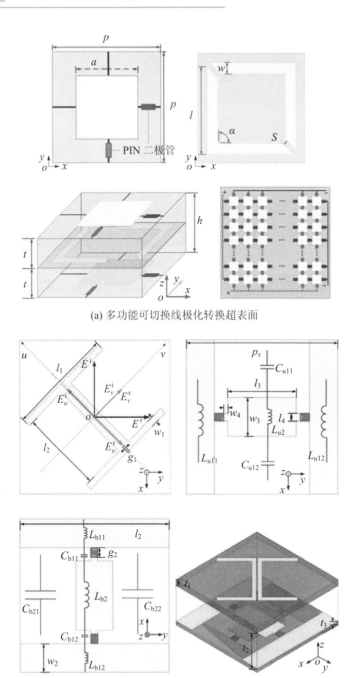

(a) 多功能可切换线极化转换超表面

(b) 透反一体的多功能超表面

(c) 多功能可编程超表面

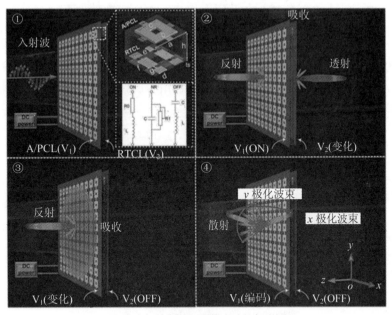

(d) 全空间控制的可重构多功能超表面

图 1.9 基于 PIN 二极管的多功能可重构超表面

第2章 极化调控的基本理论

本章主要分析电磁波在各向异性介质中的传播特性和极化转换的矩阵表示方法，研究极化转换器与可重构超表面的设计原理，最后讨论电磁仿真与测量理论。

2.1 各向异性介质中的电磁场

在经典的电磁场与电磁波的理论中，麦克斯韦方程组和其本构关系决定了电磁波在介质中的传播特性。通常情况下，用介电常数 ε 和磁导率 μ 来描述不同介质中的电磁波传播特性。对于各向同性和各向异性的介质，它们的本质区别在于其相应的本构关系不同，具体来说，本构方程可表示为

$$\boldsymbol{D} = \varepsilon \boldsymbol{E}, \quad \boldsymbol{B} = \mu \boldsymbol{H}$$

其中，$\boldsymbol{D}$、$\boldsymbol{E}$、$\boldsymbol{B}$、$\boldsymbol{H}$ 分别为电位移矢量、电场强度、磁感应强度和磁场强度。

对于各向同性介质，ε 和 μ 为标量；由于各向异性介质具有非对称的结构特性，因此各向异性介质的 ε 和 μ 以张量的形式出现。对于人为设计的各向异性介质来说，相对介电常数和磁导率可以表示为[93]

$$\bar{\bar{\varepsilon}} = \begin{bmatrix} \varepsilon_{xx} & \varepsilon_{xy} & \varepsilon_{xz} \\ \varepsilon_{yx} & \varepsilon_{yy} & \varepsilon_{yz} \\ \varepsilon_{zx} & \varepsilon_{zy} & \varepsilon_{zz} \end{bmatrix}, \quad \bar{\bar{\mu}} = \begin{bmatrix} \mu_{xx} & \mu_{xy} & \mu_{xz} \\ \mu_{yx} & \mu_{yy} & \mu_{yz} \\ \mu_{zx} & \mu_{zy} & \mu_{zz} \end{bmatrix} \tag{2-1}$$

可见，$\boldsymbol{D}$ 不一定平行于 $\boldsymbol{E}$，$\boldsymbol{B}$ 不一定平行于 $\boldsymbol{H}$。如果某种介质的 ε 为张量，而 μ 为标量，则该介质为电各向异性介质；反之，则该介质为磁各向异性介质。当式(2-1)的矩阵满足主对角线上的值相等且其他分量为零时，则该介质退化为各向同性介质。

假设介质的 $\boldsymbol{\varepsilon}$ 和 $\boldsymbol{\mu}$ 为对角化张量，且各分量取值不全大于零，则当入射平面波的电场沿着 y 轴极化，沿着波矢量 $\boldsymbol{k}$ 方向传播时，有

$$\boldsymbol{E} = \mathrm{e}^{j\omega t - j(k_x x + k_z z)} \boldsymbol{u}_y \qquad (2-2)$$

对于平面波，麦克斯韦方程组可重写为

$$\boldsymbol{k} \times \boldsymbol{E} = \omega \boldsymbol{B} \qquad (2-3)$$

$$\boldsymbol{k} \times \boldsymbol{H} = -\omega \boldsymbol{D} \qquad (2-4)$$

$$\boldsymbol{k} \cdot \boldsymbol{D} = 0 \qquad (2-5)$$

$$\boldsymbol{k} \cdot \boldsymbol{B} = 0 \qquad (2-6)$$

在式 (2-2) 的假设下，由式 (2-3) 和式 (2-4) 以及本构关系，并利用矢量恒等式 $\boldsymbol{k} \times (\boldsymbol{k} \times \boldsymbol{a}) = \boldsymbol{k}(\boldsymbol{k} \cdot \boldsymbol{a}) - k^2 \boldsymbol{a}$ 可得：

$$k^2 \boldsymbol{H} - \boldsymbol{k}\left(1 - \frac{\mu_z}{\mu_x}\right) k_z H_z = \omega^2 \varepsilon_y \bar{\bar{\mu}} \cdot \boldsymbol{H} \qquad (2-7)$$

将式 (2-7) 改写为如下矩阵形式：

$$\begin{bmatrix} k^2 - \omega^2 \varepsilon_y \mu_x & -\left(1 - \frac{\mu_z}{\mu_x}\right) k_z^2 \\ 0 & k^2 - \omega^2 \varepsilon_y \mu_z - \left(1 - \frac{\mu_z}{\mu_x}\right) k_z^2 \end{bmatrix} \begin{bmatrix} H_x \\ H_z \end{bmatrix} = 0 \qquad (2-8)$$

如果式 (2-7) 中的磁场 $\boldsymbol{H}$ 存在非零解，则系数行列式一定为零，于是有

$$k^2 = \omega^2 \varepsilon_y \mu_x \qquad (2-9)$$

或者

$$\mu_z k_x^2 + \mu_z k_z^2 = \omega^2 \varepsilon_y \mu_x \mu_z \qquad (2-10)$$

同理，当入射平面波的电场沿着 x 轴极化，沿着波矢量 $\boldsymbol{k}$ 方向传播时，有

$$k^2 \boldsymbol{H} - \boldsymbol{k}\left(1 - \frac{\mu_z}{\mu_y}\right) k_z H_z = \omega^2 \varepsilon_x \bar{\bar{\mu}} \cdot \boldsymbol{H} \qquad (2-11)$$

即

$$k^2 = \omega^2 \varepsilon_x \mu_y \qquad (2-12)$$

其中，ε_x、ε_y、ε_z 分别为 x、y、z 方向的介电常数，μ_x、μ_y、μ_z 分别为 x、y、z 方向的磁导率。

根据以上分析可知，当平面波垂直入射到各向异性介质上时，若满足 $\varepsilon_x \mu_y \neq \varepsilon_y \mu_x$，则电场 x 方向与电场 y 方向的波矢量不同。也就是说，对于不同方向的极化波，当其入射到具有一定厚度的各向异性介质上时，将会得到不同的反射相位，这就使得正常入射的电磁波会被调控为其他形式的极化波。

2.2　传　输　矩　阵

2.2.1　琼斯矢量和琼斯矩阵

为了更清楚地描述电磁波的极化态和极化转换器件中操纵电磁波极化偏转的过程,琼斯(Jones)提出了一种用二维复数列向量描述电场矢量在 x、y 方向上的分量的方法,该方法同样适用于微波频段[94]。其具体形式如下:

$$\begin{bmatrix} E_x \\ E_y \end{bmatrix} = \begin{bmatrix} |E_x| \, \mathrm{e}^{\mathrm{j}\varphi_x} \\ |E_y| \, \mathrm{e}^{\mathrm{j}\varphi_y} \end{bmatrix} \qquad (2-13)$$

其中,$|E_x|$、$|E_y|$ 分别表示 x 方向和 y 方向的电场的模值,φ_x、φ_y 分别为与之对应的相位。形如这样的向量称为琼斯矢量,通常用来表示椭圆电磁波。然而针对线极化波来说,以电场在第一、三象限为例,即满足 $\varphi_x = \varphi_y = \varphi_0$,则对应的琼斯矢量为

$$\begin{bmatrix} E_x \\ E_y \end{bmatrix} = \begin{bmatrix} |E_x| \\ |E_y| \end{bmatrix} \mathrm{e}^{\mathrm{j}\varphi_0} \qquad (2-14)$$

类似地,圆极化的电磁波对应的琼斯矢量可表示为

$$\begin{bmatrix} E_x \\ E_y \end{bmatrix} = \begin{bmatrix} 1 \\ \pm\mathrm{j} \end{bmatrix} |E_x| \, \mathrm{e}^{\mathrm{j}\varphi_x} \qquad (2-15)$$

其中,x 方向和 y 方向上的相位应该满足 $\varphi_y = \varphi_x = \pm\pi/2$,且"$-\pi/2$"表示右旋圆极化波,"$+\pi/2$"表示左旋圆极化波。表 2.1 为线极化和圆极化的归一化琼斯矢量表示。

表 2.1　线极化和圆极化的归一化琼斯矢量表示

极化状态	x 极化	y 极化	左旋圆极化	右旋圆极化
琼斯矢量	$\begin{bmatrix} 1 \\ 0 \end{bmatrix}$	$\begin{bmatrix} 0 \\ 1 \end{bmatrix}$	$\dfrac{\sqrt{2}}{2}\begin{bmatrix} 1 \\ \mathrm{j} \end{bmatrix}$	$\dfrac{\sqrt{2}}{2}\begin{bmatrix} 1 \\ -\mathrm{j} \end{bmatrix}$

如果两束电磁波的电场 E_1、E_2 的琼斯矢量满足如下公式:

$$E_1 \cdot E_2^* = \begin{bmatrix} E_{1x} & E_{1y} \end{bmatrix} \cdot \begin{bmatrix} E_{2x}^* \\ E_{2y}^* \end{bmatrix} = 0 \qquad (2-16)$$

则可认为这两束电磁波相互垂直,即满足正交关系。

根据表 2.1 可知，x 极化和 y 极化是一组正交极化态，左旋圆极化和右旋圆极化也互为正交极化态。

琼斯矢量用来描述电磁波的极化态，而琼斯矩阵用来表征极化的偏转过程。例如，一束沿 x 轴的线极化电磁波分别经过半波片和 1/4 波片，则半波片和 1/4 波片的琼斯矩阵可分别表示为

$$\boldsymbol{M}_1 = \begin{bmatrix} 0 & 1 \\ 1 & 0 \end{bmatrix} \qquad (2-17)$$

$$\boldsymbol{M}_2 = \begin{bmatrix} 1 & 0 \\ 0 & \pm j \end{bmatrix} \qquad (2-18)$$

假设原始电磁波的电场为 $\boldsymbol{E}$，分别经过上述两种波片后，电场变成 $\boldsymbol{E}_1^*$、$\boldsymbol{E}_2^*$，则有

$$\boldsymbol{E}_1^* = \boldsymbol{M}_1 \boldsymbol{E} = \begin{bmatrix} 0 & 1 \\ 1 & 0 \end{bmatrix} \cdot \begin{bmatrix} 1 \\ 0 \end{bmatrix} = \begin{bmatrix} 0 \\ 1 \end{bmatrix} \qquad (2-19)$$

$$\boldsymbol{E}_2^* = \boldsymbol{M}_2 \boldsymbol{E} = \begin{bmatrix} 1 & 0 \\ 0 & \pm j \end{bmatrix} \cdot \begin{bmatrix} 1 \\ 0 \end{bmatrix} = \begin{bmatrix} 1 \\ 0 \end{bmatrix} \qquad (2-20)$$

从以上的计算可知，沿 x 轴的线极化电磁波经过半波片后偏转为沿 y 轴的线极化电磁波，经过 1/4 波片后偏转为圆极化电磁波。基于以上理论，采用琼斯矩阵的形式既可描述电磁波的极化过程，也可表征电磁器件的极化偏转过程，因此琼斯矩阵方法是分析电磁器件极化偏转特性的方法之一。

2.2.2　斯托克斯矢量和穆勒矩阵

斯托克斯（Stokes）在 1852 年提出了用来描述强度和极化状态的另一种表示方法，即斯托克斯矢量。与琼斯矢量的不同之处在于，其所描述的电磁波包括完全、部分和非完全电磁波。同样地，斯托克斯矢量也可用来分析极化偏转器件的品质。自由空间中的任何电磁波都可用斯托克斯矢量表示，即

$$S = [I\ Q\ U\ V]^T$$

其中，I 表示电磁波的强度信息，Q 和 U 分别表示线极化波的方向和强度，V 表示圆极化分量。

表 2.2 是常见电磁波的归一化斯托克斯矢量表示。

表 2.2　常见电磁波的归一化斯托克斯矢量表示

电磁波	自然光	线极化波	左旋圆极化波	右旋圆极化波
斯托克斯矢量	$[1\ 0\ 0\ 0]^T$	$[1\ 1\ 0\ 0]^T$	$[1\ 0\ 0\ -1]^T$	$[1\ 0\ 0\ 1]^T$

当电磁波经过极化器件后,可用斯托克斯矢量来描述变换的过程,而这一过程可以由一个 4×4 的矩阵来表示,即

$$\begin{bmatrix} I^* \\ Q^* \\ U^* \\ V^* \end{bmatrix} = \begin{bmatrix} M_{11} & M_{12} & M_{13} & M_{14} \\ M_{21} & M_{22} & M_{23} & M_{24} \\ M_{31} & M_{32} & M_{33} & M_{34} \\ M_{41} & M_{42} & M_{43} & M_{44} \end{bmatrix} \cdot \begin{bmatrix} I \\ Q \\ U \\ V \end{bmatrix} = \boldsymbol{M} \begin{bmatrix} I \\ Q \\ U \\ V \end{bmatrix} \qquad (2-21)$$

其中,$\boldsymbol{M}$ 矩阵称为极化元件的穆勒矩阵。

此外,为了将斯托克斯矢量的具体参数与实际电磁场的物理特性联系起来,Poincare 在 1892 年提出了用 Poincare 球来描述任意电磁波的极化状态,这样对于任意一种完全电磁波,其斯托克斯矢量的具体参数可表达为

$$I = |\boldsymbol{E}_x|^2 + |\boldsymbol{E}_y|^2 \qquad (2-22)$$

$$Q = |\boldsymbol{E}_x|^2 - |\boldsymbol{E}_y|^2 \qquad (2-23)$$

$$U = 2 |\boldsymbol{E}_x| |\boldsymbol{E}_y| \cos\delta \qquad (2-24)$$

$$V = 2 |\boldsymbol{E}_x| |\boldsymbol{E}_y| \sin\delta \qquad (2-25)$$

其中,$|\boldsymbol{E}_x|$ 和 $|\boldsymbol{E}_y|$ 分别表示 x 方向和 y 方向的电场的模值,$\delta = \varphi_y - \varphi_x$ 表示 y 方向和 x 方向的相位差。

根据 Poincare 球和斯托克斯矢量的关系,可以导出评价电磁波极化品质的具体物理参数,例如描述线极化的归一化线极化率 x_{linear} 和描述圆极化的归一化椭圆率 $x_{\text{ellipticity}}$ 以及描述椭圆极化的方位角 θ,即

$$\chi_{\text{linear}} = \frac{|\boldsymbol{E}_x|^2 - |\boldsymbol{E}_y|^2}{|\boldsymbol{E}_x|^2 + |\boldsymbol{E}_y|^2} \qquad (2-26)$$

$$\chi_{\text{ellipticity}} = \frac{2 |\boldsymbol{E}_x| |\boldsymbol{E}_y| \sin\delta}{|\boldsymbol{E}_x|^2 + |\boldsymbol{E}_y|^2} \qquad (2-27)$$

$$\theta = \arctan \frac{|\boldsymbol{E}_x|^2 - |\boldsymbol{E}_y|^2}{|\boldsymbol{E}_x| |\boldsymbol{E}_y| \cos\delta} \qquad (2-28)$$

其中线极化率和椭圆率的范围在 $0\sim1$ 之间,理论值越接近 1 表明极化的品质越好。

2.3 极化转换超表面的原理分析

假设入射到极化转换超表面的线极化波为 x 极化波,则 u、v 方向上的电场分解如图 2.1 所示。入射电场 $\boldsymbol{E}^i$ 可被分解为 u、v 方向上的相互正交的电场分量 $\boldsymbol{E}_u^i$、$\boldsymbol{E}_v^i$,反射电场 $\boldsymbol{E}^r$ 也可被分解为 u、v 方向上的相互正交的电场分量

E_u^r、E_v^r。因此，我们可根据入射波的电场方向来设计极化转换超表面的结构，从而调整反射波的电场方向，以达到调控电磁波极化方式的目的[95]。入射电场和反射电场分别表示为

$$\boldsymbol{E}^{\mathrm{i}} = \boldsymbol{E}_u^{\mathrm{i}} + \boldsymbol{E}_v^{\mathrm{i}} = \frac{\sqrt{2}}{2} E_x^{\mathrm{i}} (\boldsymbol{e}_u + \boldsymbol{e}_v) \qquad (2-29)$$

$$\boldsymbol{E}^{\mathrm{r}} = \boldsymbol{E}_u^{\mathrm{r}} + \boldsymbol{E}_v^{\mathrm{r}} = r_{uu} \boldsymbol{E}_u^{\mathrm{i}} + r_{vv} \boldsymbol{E}_v^{\mathrm{i}} = \frac{\sqrt{2}}{2} E_x^{\mathrm{i}} (r_{uu} \boldsymbol{e}_u + r_{vv} \boldsymbol{e}_v) \qquad (2-30)$$

其中，r_{uu} 和 r_{vv} 分别表示 u 方向和 v 方向上的反射系数。由于设计的极化转换超表面结构具有各向异性，因此在 u、v 方向上的反射系数是相互独立的。可以将 r_{uu} 和 r_{vv} 之间的实际相位差定义为 $\Delta\varphi$，一般情况下忽略实际的介质基板损耗，于是 $r_{vv} = r_{uu} \mathrm{e}^{-\mathrm{j}\Delta\varphi}$，反射波可进一步表示为

$$\boldsymbol{E}^{\mathrm{r}} = \frac{\sqrt{2}}{2} r_{uu} E_x^{\mathrm{i}} (\boldsymbol{e}_u + \mathrm{e}^{-\mathrm{j}\Delta\varphi} \boldsymbol{e}_v) \qquad (2-31)$$

式(2-31)表示的是反射波在 uov 平面上的运动轨迹，其垂直于传播方向 $-\boldsymbol{e}_z$，满足椭圆波的轨迹方程，即

$$\boldsymbol{E}_u^2 - 2\boldsymbol{E}_u \boldsymbol{E}_v \cos\Delta\varphi + \boldsymbol{E}_v^2 = 0.5 {E_x^{\mathrm{i}}}^2 \sin^2\Delta\varphi \qquad (2-32)$$

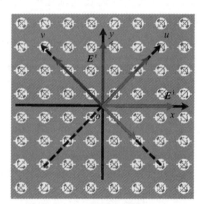

图 2.1　u、v 方向上的电场分解

在 xoy 平面中，$\boldsymbol{E}_x = \frac{\sqrt{2}}{2}(\boldsymbol{E}_u - \boldsymbol{E}_v)$，$\boldsymbol{E}_y = \frac{\sqrt{2}}{2}(\boldsymbol{E}_u + \boldsymbol{E}_v)$，于是 x 和 y 方向上的反射电场分别表示为

$$| \boldsymbol{E}_x^{\mathrm{r}} | = | \boldsymbol{E}_x |_{|\boldsymbol{E}_y| = 0} = | \boldsymbol{E}_x^{\mathrm{i}} | \sqrt{\frac{1 + \cos\Delta\varphi}{2}} \qquad (2-33)$$

$$| \boldsymbol{E}_y^{\mathrm{r}} | = | \boldsymbol{E}_y |_{|\boldsymbol{E}_x| = 0} = | \boldsymbol{E}_x^{\mathrm{i}} | \sqrt{\frac{1 - \cos\Delta\varphi}{2}} \qquad (2-34)$$

不同的 $\Delta\varphi$ 对应不同的极化波，表明通过设计极化转换超表面的结构，可以有效地调控反射波的相位差和反射系数，这意味着入射波的极化方式发生了改变。反射波的轴比（AR）可根据传输线的原理计算得到，可表示为

$$AR = \sqrt{\frac{1 - \cos\Delta\varphi}{1 + \cos\Delta\varphi}} \qquad (2-35)$$

当 $\Delta\varphi = \pm\pi/2$ 时，反射波的轴比为 1，这表明反射波的长半轴与短半轴相等，反射波为完美的圆极化波。当 $\Delta\varphi = \pi$ 时，反射波的轴比为无穷大，这表明反射波为与入射波相互垂直的极化波。当 $\Delta\varphi = 0$ 时，反射波的轴比为 0，这表明反射波与入射波的电场方向保持一致，实现了全反射功能。

2.4　可重构超表面的原理分析

PIN 二极管作为射频电路中常用的电子元器件，通常被当作电子开关。超表面作为人工设计的周期性电磁材料，实现可重构的方式有机械方式和电控方式两大类。本节主要分析利用电控方式实现超表面调控电磁波极化的基本原理[96]。

等效电路法是一种通用的超表面分析方法，通过对金属结构进行等效，可以用谐振电路来解释其物理机理[97]。如图 2.2 所示，以方形贴片加载有源器件建立了基本结构单元，其中介质基板为聚四氟乙烯 F4B，损耗角正切为 0.03，介电常数为 4.4。具体的几何参数如下：$P = 12$ mm，$w = 4.25$ mm，$l = 5.00$ mm，$g = 1.5$ mm，$t = 3$ mm。沿着 x 方向嵌入 SMP1320-079LF 型号的 PIN 二极管，在不同的偏置电压下，PIN 二极管可被等效为两种不同的 RLC 串联电路。

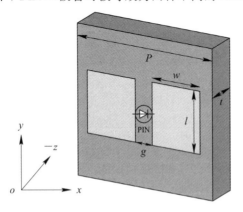

图 2.2　嵌入 PIN 二极管的有源超表面单元示意图

首先，对超表面进行等效分析。在只考虑一阶近似的情况下，等效的电感 L 和电容 C 的表达式为[98]

$$L = \mu_0 \left(\frac{P}{2\pi} \right) \log \left[\csc \left(\frac{\pi w}{2P} \right) \right] \tag{2-36}$$

$$C = \varepsilon_0 \varepsilon_{\text{eff}} \left(\frac{2l}{\pi} \right) \log \left[\csc \left(\frac{\pi g}{2l} \right) \right] \tag{2-37}$$

其中，ε_{eff} 是基板的有效介电常数，P 为周期，w、l、g 为结构相应的几何参数。基板有效介电常数的表达式为

$$\varepsilon_{\text{eff}} = \frac{\varepsilon_r + 1}{2} \tag{2-38}$$

其中 ε_r 为相对介电常数。

当入射波的电场沿 x 方向时，超表面单元结构可等效为如图 2.3(a) 所示的电路。此时 PIN 二极管的嵌入方向与入射波电场的方向平行，二极管参与了工作。等效电路由电感 L，耦合电容 C_{01}、C_{02} 和 PIN 二极管的等效电路串并联组成。当 PIN 二极管处于不同状态时，超表面单元结构可分别等效为不同的电

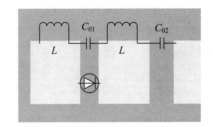

(a) 超表面单元结构等效电路

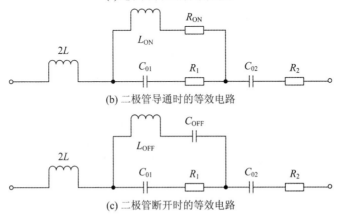

(b) 二极管导通时的等效电路

(c) 二极管断开时的等效电路

图 2.3　超表面单元结构等效电路和不同二极管状态下的等效电路

路，如图 2.3(b)和(c)所示。其中，L 和 C_{01}、C_{02} 分别是由式(2-36)和式(2-37)计算得到的贴片电感值和缝隙电容值。考虑到介质基板的损耗，产生了 R_1 和 R_2 的等效电阻。实际上，在二极管通断两种状态下，等效电路的谐振频率是不同的。也就是说，在不同的电路中，反射相位和传输相位是不同的。从电磁场的角度来看，上述谐振频率的不同导致相位发生了变化，从而导致入射波的极化方式发生了偏转。

除上述分析外，我们在商用的全波仿真软件中进行了数值模拟，研究了未嵌入二极管和不同二极管状态下的电场分布情况。图 2.4 给出了没有嵌入 PIN 二极管时电场的分布情况。其中，图 2.4(a)是入射电场方向平行于 y 轴的电场分布结果，图 2.4(b)是入射电场方向平行于 x 轴的电场分布结果。可以看出，未嵌入 PIN 二极管的电场分布较弱，当入射电场在 y 方向时，电场分布主要集中在方形贴片的上下边缘部分；当入射电场在 x 方向时，电场的耦合主要分布在单元结构的缝隙处以及相邻单元结构之间。

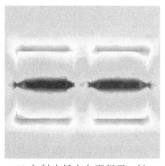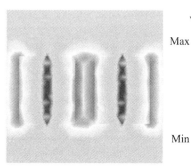

(a) 入射电场方向平行于 y 轴　　　　(b) 入射电场方向平行于 x 轴

图 2.4　未嵌入 PIN 二极管的电场分布图

图 2.5 所示为二极管在导通和断开两种状态下线极化波入射到超表面结构上的电场分布情况。其中，图 2.5(a)和(b)分别是二极管导通状态下入射电场方向平行于 y 轴和 x 轴的电场分布情况，图 2.5(c)和(d)分别是二极管断开状态下入射电场方向平行于 y 轴和 x 轴的电场分布情况。对比图 2.4 和图 2.5可以看出，加载 PIN 二极管的超表面结构的电场分布比未加载 PIN 二极管的超表面结构的电场分布强，在二极管断开和导通时，入射电场方向平行于 y 轴的电场分布基本保持一致。在入射电场方向平行于 x 轴的情况下，二极管断开时的电场分布与未嵌入二极管的电场分布一致，主要集中在方形贴片的左右边缘处；二极管导通时的电场分布主要集中在单元结构的缝隙区域。这表明加载PIN 二极管改变了超表面结构的电场分布，从而影响了反射相位，导致反射波

极化状态发生了转换。

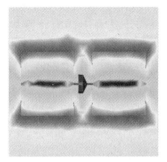
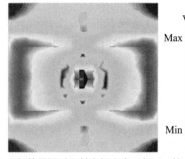

(a) 二极管导通时入射电场方向平行于 y 轴　　　(b) 二极管导通时入射电场方向平行于 x 轴

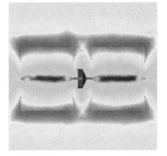
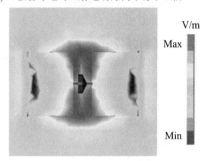

(c) 二极管断开时入射电场方向平行于 y 轴　　　(d) 二极管断开时入射电场方向平行于 x 轴

图 2.5　加载 PIN 二极管的电场分布图

2.5　电磁仿真与测量理论

前面介绍了各向异性介质的调控机理、电磁传输中的矩阵分析方法以及极化转换器和可重构超表面的原理。然而，在实际的设计过程中，首要的任务是建立单元的结构模型，并通过不断优化其结构参数以保证电磁响应的特性达到设计的目标值。这一过程需要进行麦克斯韦方程组的求解和大量的参数优化，这必然涉及大量复杂的数值计算。目前，针对这一问题，市面上常用的电磁求解软件有 CST、HFSS、Sonnet、FEKO 等。本书主要采用的是 CST Microwave Studio(CST 微波工作室)，对比其他几款软件，CST 是基于 FDTD(时域有限差分)电磁场求解算法的仿真器，适合仿真宽频带的频谱结果。尤其针对周期性的电大尺寸结构，CST 具有专门仿真周期结构的模块，模块本身自带了电壁、磁壁、Floquet 边界条件等。

此外，针对电磁性能达到最优的极化调控超表面，需要进行微波测试以验证实际的工作性能是否达到了仿真预期结果。目前，在微波波段主要采用的是PCB(印制电路板)的加工工艺，根据不同的损耗需求选择不同的介质基板[一般包括F4B、玻璃纤维环氧树脂材料FR‐4和罗杰斯(Rogers)等材料]。在实际的测试中，针对样品的电磁传输性能的测试方法包含自由空间法[99]、波导法[100]和弓形法等。根据实际的测试条件和需求，我们选择了自由空间法来测试样品的传输性能。首先把一组标准增益的喇叭天线连接到矢量网络分析仪(VNA)上，一个喇叭天线充当发射机，把电磁波辐射到自由空间中；然后利用接收喇叭天线来收集从测量样品反射回来的电磁波。针对反射型的样品，在测量过程中，需要把喇叭天线和样品放置于同一侧且保持在同一高度，并使用等尺寸的金属板做归一化和校准。图2.6给出了在微波暗室中测试反射系数的示意图，测试的具体操作如下：

(1) 将两个喇叭天线固定到支架上，并使用同轴馈线连接矢量网络分析仪进行测试条件的设置。

(2) 采用与样品尺寸相同的金属板在满足远场测试条件下对测试环境进行校准。

(3) 用测试样品替换金属板，从矢量网络分析仪上读取反射系数并记录，最后与仿真结果进行对比拟合。

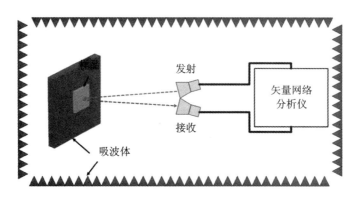

图2.6   在微波暗室中测试反射系数的示意图

第3章　多频极化转换器

极化是电磁波最重要的特性之一，在许多电磁领域中得到了广泛的应用，比如微波通信和天线制造等。对电磁波极化状态的调控是实现多种精密探测和识别技术的关键机制，广泛应用于对比成像显微镜、光学矿物学和分子生物技术等领域。在电磁波的传输、反射和吸收中，研究人员希望对极化进行全面、灵活的控制。传统的调控极化的方法包括在红外和中红外区域使用光弹性调制器、使用迈克尔逊干涉仪对两个正交偏振的太赫兹脉冲进行相位控制或对一个四触点光电导天线进行偏压等，然而这类方法通常导致器件的厚度与工作波长相当，这对低频应用来说是一个显著的缺点。超表面作为二维的超材料，具有剖面低、成本低、易加工和曲面共形等特点，为设计电磁波极化调控的功能器件提供了新的研究思路和方法。

3.1　三波段反射型线—圆极化转换器

3.1.1　结构设计

本节设计了一个 E 型反射极化转换器[101]，实验样品及单元结构如图 3.1 所示。该极化转换器由三层组成，共振的 E 型金属图案周期性地排列在顶层，中间层是电介质基板，底层是全金属片。介质基板的介电常数为 3.38，损耗角正切为 0.0027；金属层的厚度为 0.035 mm，电导率为 $\sigma = 5.8 \times 10^7 \, \mathrm{S/m}$。经过优化后的结构尺寸为：$w = 1.4 \, \mathrm{mm}$，$l = 6 \, \mathrm{mm}$，$d = 1.6 \, \mathrm{mm}$，$a = 7.2 \, \mathrm{mm}$，$b = 9 \, \mathrm{mm}$，$t = 0.813 \, \mathrm{mm}$。

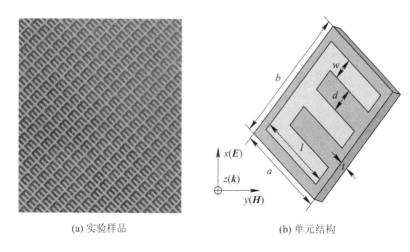

(a) 实验样品　　　　　　　　(b) 单元结构

图 3.1　实验样品及单元结构

我们利用 CST Microwave Studio 软件进行仿真，电磁波沿 z 方向传播(线极化波和圆极化波分别垂直入射到样品表面)。电场沿 x 方向，磁场沿 y 方向。采用传统的 PCB 工艺进行实验样品的加工，其结构参数与仿真模型相同，极化器尺寸为 180 mm×180 mm。图 3.1(a)显示了实验样品的局部照片。使用安捷伦 E8362B 矢量网络分析仪和两个线极化微波标准增益喇叭天线(5~16 GHz)在微波暗室中测试样品，通过改变两个喇叭天线的方向，我们能够获得不同极化方式下反射电磁波的所有分量。

3.1.2　结果与讨论

图 3.2 显示了线极化转换器的仿真及实验结果。从图 3.2(a)中可以清楚地看到，x 极化入射波转换为 y 极化波的反射系数 r_{yx} 在 5.7 GHz、10.8 GHz 和 14.6 GHz 三个共振频率处仿真的反射系数分别为 0.92、0.98 和 0.93，r_{yx} 在 5.75 GHz、11.17 GHz 和 14.88 GHz 三个共振频率处仿真的反射系数分别为 0.79、0.92 和 0.81。这意味着在三个共振频率处，x 极化入射波几乎被转换成 y 极化波。如图 3.2(b)所示，极化转换率(polarization conversion rate, PCR)在 5.7 GHz、10.8 GHz 和 14.6 GHz 三个共振频率下几乎达到 1.0。极化方位旋转角 θ 用于描述主极化轴和 y 轴之间的角度，通过它可以直观地了解极化转换如何随频率变化。由图 3.2(c)可以看出，对于 x 极化入射波，θ 的仿真值在 5.7 GHz、10.8 GHz 和 14.6 GHz 处分别为 81.78°、89.06°和 85.94°。此结果进一步证实了在三个共振频率下，x 极化波几乎被转换成 y 极化波。

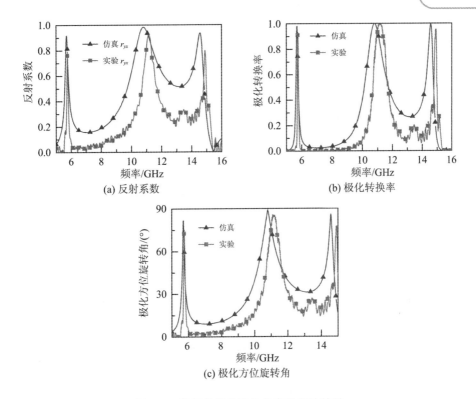

(a) 反射系数　　　　　　　　　　(b) 极化转换率

(c) 极化方位旋转角

图 3.2　线极化转换器的仿真及实验结果

我们将反射电磁波的 y 分量和 x 分量之间的相位差定义为

$$\Delta\varphi_{yx} = \arg(r_{yx}) - \arg(r_{xx})$$

其中，r_{xx} 为 x 极化入射波保持 x 极化的反射系数；r_{yx} 为 x 极化入射波转换为 y 极化波的反射系数；$\Delta\varphi_{yx}$ 可以为 $[-180°, 180°]$ 内的任意值，其具体取值取决于频率，这表明反射波可以实现所有可能的极化状态（线性、圆、椭圆）。当 $\Delta\varphi_{yx} = 0$（$\Delta\varphi_{yx} = \pm\pi$）时，线极化波转换为交叉极化波。当 $|r_{yx} = r_{xx}|$ 且 $\Delta\varphi_{yx} = \pm\pi/2$ 时，线极化波转换为圆极化波（$\Delta\varphi_{yx} = \pi/2$ 为左旋圆极化波，$\Delta\varphi_{yx} = -\pi/2$ 为右旋圆极化波）。

图 3.3 给出了 $|r_{yx}|/|r_{xx}|$ 的比值及 r_{yx} 和 r_{xx} 间的相位差 $\Delta\varphi_{yx}$。相位差分为正、负两部分，负相位差表示偏振旋转方向为顺时针（右旋圆极化波，RCP），正相位差表示偏振旋转方向为逆时针（左旋圆极化波，LCP）。从图 3.3 中我们发现，$\Delta\varphi_{yx}$ 分别在 5.74 GHz、11.01 GHz、14.80 GHz 和 15.63 GHz 这四个共振频率附近快速跳变。对于 x 极化垂直入射波，共极化和交叉极化反射波在 10.1 GHz、11.7 GHz 和 14.2 GHz 处的振幅几乎相同（$|r_{yx}|/|r_{xx}| \approx$

1.0)，相位差 $\Delta\varphi_{yx}=\pm90°$，这表明发生了圆极化转换。在其他频率下，尽管相位差在 $\pm90°$ 左右，但 r_{yx} 和 r_{xx} 之间的差异相当大，因此产生了椭圆极化波。

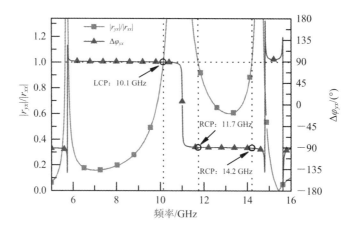

图 3.3　$|r_{yx}|/|r_{xx}|$ 的比值及相位差 $\Delta\varphi_{yx}$

图 3.4 显示了 x 极化入射波对应反射波的几种极化状态。反射波在 5.0 GHz 处为左旋椭圆极化波，在 10.12 GHz 处转换为圆极化波。之后，反射波继续旋转，并保持右旋椭圆极化状态，直到在 10.8 GHz 处形成 y 极化波。

圆极化转换器的仿真和实验结果如图 3.5 所示。图 3.5(a) 显示了三个明显的共振频率，分别为 5.81 GHz、11.32 GHz 和 15.16 GHz，其中圆极化转换的反射系数 r_{++} 在这三个共振频率处仿真的反射系数分别为 0.87、0.98 和 0.91。r_{++} 在 5.78 GHz、11.40 GHz 和 15.16 GHz 处实验的反射系数分别为 0.78、0.95 和 0.92。如图 3.5(b) 所示，在三个共振频率下，PCR 超过 0.95。因此，基于所提出的 E 型反射极化转换器可以实现线—圆极化转换。仿真结果和实验结果相比出现的差异可能是由制作误差和介质板材料造成的，实际介电常数与其仿真值略有不同。此外，这些差异可能源于以下两个方面：首先，在使用 CST 微波工作室进行仿真时，设置了周期性的边界条件，这意味着所提出的吸收体在仿真中被视为具有无限大的物理尺寸。然而，实验中制作样品的尺寸是有限的，会发生边缘衍射。而边缘衍射会导致仿真结果和实验结果之间产生差异。其次，实验条件也会引起差异，如存在背景干扰。因此，我们不能忽视仿真光谱和实验光谱之间的差异。不过，尽管存在这些差异，但实验结果与仿真结果能够保持较好的一致性，即对于线极化和圆极化转换，它们可以在共振处获得高 PCR。除了具有良好的极化转换特性，所提出的 E 型反射极化转换器还相对较薄，在工作波长的最低基本共振频率下的厚度接近 $\lambda/60$。

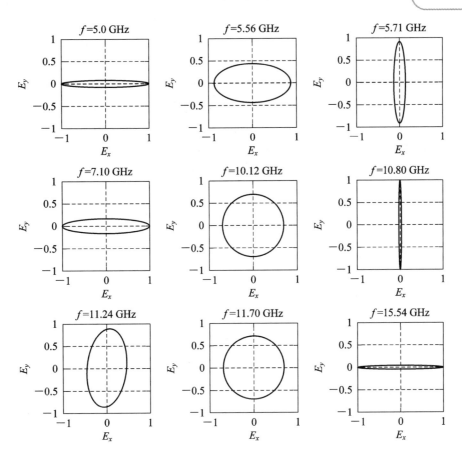

图 3.4 x 极化入射波对应反射波的几种极化状态

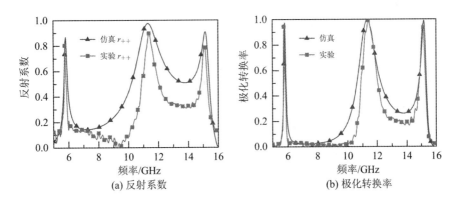

图 3.5 圆极化转换器的仿真和实验结果

极化转换源于强烈的电磁响应，该响应会产生一个延迟波的分量，其极化方向与入射波的极化方向垂直，从而使透射波的极化面发生旋转[102]。接下来给出顶层和底层金属层在共振频率处的表面电流分布，从而探讨反射型线极化转换器的物理机制（相同的分析方法可用于圆极化旋转[103]）。图 3.6(a) 示出了在 5.7 GHz 的共振频率处，电磁波沿着 z 方向穿过极化器时，E 型结构中顶层和底层金属层的瞬时感应表面电流分布。入射波在顶层和底层金属层激发出三个电流回路，从而产生磁偶极矩 m_1、m_2 和 m_3。感应磁场 H_1、H_2 和 H_3（分别由 m_1、m_2 和 m_3 产生）的 x 分量 H_{1x}、H_{2x} 和 H_{3x} 平行于入射电场 E。因此，入射电场 E 和感应磁场的 x 分量 H_{1x}、H_{2x} 和 H_{3x} 之间的交叉耦合导致了交叉极化旋转，其中 x 极化转换为 y 极化。可以看出，方向相反的 H_2 和 H_3 感应的耦合效应相互抵消，对极化转换的主要贡献来自感应磁场 H_1。相同的物理机制发生在 14.6 GHz 的共振频率处，如图 3.6(c) 所示。入射电场 E 和感应磁场 H_1 的 x 分量 H_{1x} 之间的交叉耦合导致了交叉极化旋转以及 x 到 y 的极化转换。在如图 3.6(b) 所示的 10.8 GHz 的共振频率处，感应磁场 H_1、H_2 和 H_3 的方向都是沿着右上方；感应磁场 H_1、H_2 和 H_3 的 y 分量（H_{1y}、H_{2y} 和 H_{3y}）垂直于入射电场 E；感应磁场 H_1、H_2 和 H_3 的 x 分量（H_{1x}、H_{2x} 和 H_{3x}）平行于入射电场 E。总之，垂直于入射电场 E 的感应磁场的 y 分量不会产生交叉耦合，因为它们与入射磁场的方向相同；平行于入射电场 E 的感应磁场的 x 分量可以感应出垂直于入射电场 E 的感应电场，感应电场导致极化转换的产生。

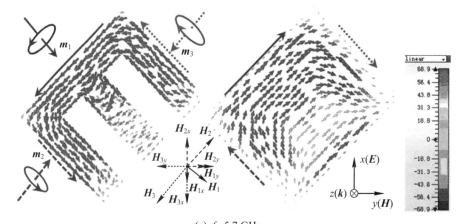

(a) f=5.7 GHz

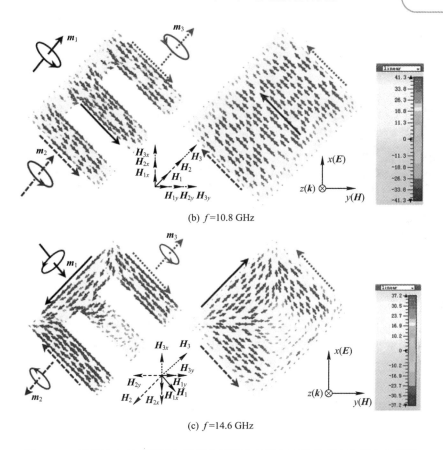

(b) *f*=10.8 GHz

(c) *f*=14.6 GHz

图 3.6　*x* 极化波入射时顶层和底层金属层在共振频率处的表面电流分布情况

3.2　多频段反射型极化转换器

3.2.1　结构设计

本节提出了一个基于 U 型超材料的多频段反射型极化转换器[104]。图 3.7 (a)～(b)分别显示了实验中使用样品的部分照片和一个单元的结构图。对于线极化波和圆极化波，利用所提出的基于 UMM(U 型超材料)的 RPC(反射型极化转换器)，在反射后都能在共振频率处实现极化态的完全转换。该极化转换器由三层组成，其中共振的 U 型金属图案周期性地排列在顶层，中间层为电介质基板，底层为全金属片。金属层为 0.035 mm 厚的铜膜，其电导率为 $\sigma = 5.8 \times$

10^7 S/m；电介质层为 Rogers RO4003，其相对介电常数为 3.38、损耗角正切为 0.0027。图 3.7(c) 显示了一个单元结构的前视图。经过优化后的结构尺寸为：$w = 2.6$ mm，$l = 8$ mm，$d = 2.6$ mm，$g = 0.8$ mm，$a = 10$ mm，$t = 0.813$ mm。

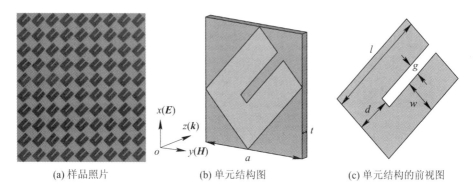

(a) 样品照片   (b) 单元结构图   (c) 单元结构的前视图

图 3.7 基于 U 型超材料的多频段反射型极化转换器的相关结构图

利用电磁仿真软件 CST 对该极化转换器的反射特性进行数值模拟分析。在仿真过程中，x 方向和 y 方向采用周期性边界条件，具有 x 极化和右旋圆极化电场的宽带高斯调制脉冲源分别用作线极化和圆极化的激励源。采用传统的 PCB 工艺将 UMM-RPC 制作成 18×18 单元样品(180 mm×180 mm)，其结构参数与仿真模型相同。制作的 UMM 板的部分照片如图 3.7(a)所示。安捷伦 E8362B 矢量网络分析仪连接两个标准增益宽带线(圆)极化天线，该天线产生 5～16 GHz 范围内的微波，用于测量微波暗室中的 UMM 板。通过改变天线的方向，我们可以得到不同极化方式下电磁波反射的所有分量。

为了更好地理解所设计的 UMM-RPC 的极化转换原理，我们定义 $r_{xx} = E_x^r / E_x^i$ 和 $r_{yx} = E_y^r / E_x^i$ 分别为 x 到 x 和 x 到 y 极化转换的反射系数。其中，上标 i 和 r 分别表示入射和反射，下标 x 和 y 表示电磁波的极化方式。对于圆极化波，RCP 定义为右旋圆极化电磁波，LCP 定义为左旋圆极化电磁波，理论上入射的 RCP(LCP)经过完美电导体(PEC)反射后可以转换为 LCP(RCP)。因此，圆极化转换必须验证 RCP(LCP)到 LCP(RCP)的转换。$r_{++} = E_+^r / E_+^i$ 和 $r_{-+} = E_-^r / E_+^i$ 分别表示 RCP 对 RCP 和 RCP 对 LCP 转换的反射系数。其中，下标＋和－表示电磁波的极化方式。线极化和圆极化的极化转换率分别定义为 PCR $= r_{yx}^2 / (r_{yx}^2 + r_{xx}^2)$ 和 PCR $= r_{++}^2 / (r_{++}^2 + r_{-+}^2)$，其中 $r_{yx} = |r_{yx}|$，$r_{xx} = |r_{xx}|$，$r_{++} = |r_{++}|$，$r_{-+} = |r_{-+}|$。前面我们定义了反射电磁波的 y 分量和 x 分量之间的相位差为 $\Delta\varphi_{yx} = \arg(r_{yx}) - \arg(r_{xx})$。$\Delta\varphi_{yx}$ 可以为 $[-180°, 180°]$ 内的任意值，其具体取值取决于频率，这表明反射波可以实现所有可能的极化状态(线性、圆、椭圆)。当 $\Delta\varphi_{yx} = \pm\pi$ 时，线极化波转换为交叉极化波。

当 $r_{yx}/r_{xx}=1$ 且 $\Delta\varphi_{yx}=\pm\pi/2$ 时，线极化波转换为圆极化波（其中 $\Delta\varphi_{yx}=\pi/2$ 为左旋圆极化波，$\Delta\varphi_{yx}=-\pi/2$ 为右旋圆极化波）。

3.2.2　结果与讨论

图 3.8 显示了线极化转换器的仿真和实验结果。从图 3.8(a)中可以看到，在 6.26 GHz、8.93 GHz 和 13.89 GHz 三个共振频率处，仿真得到的反射系数 r_{yx} 分别为 0.84、0.97 和 0.95；在 6.32 GHz、9.22 GHz 和 14.33 GHz 三个共振频率处，实验测试的 r_{yx} 分别为 0.74、0.92 和 0.87。如图 3.8(b)所示，在 6.26 GHz、8.93 GHz、13.89 GHz 三个共振频率处，仿真得到的沿 $+z$ 方向入射的 x 极化波的 PCR 分别为 96.1%、99.9% 和 99.8%，实验测试的 PCR 分别为 88.9%、99.3% 和 97.8%。在三个共振频率处，PCR 几乎为 1，这意味着在这三个共振频率处，入射的 x 极化波几乎转换为 y 极化波。我们使用极化方位旋转角 θ 来描述主偏振轴和 y 轴之间的角度。由图 3.8(c)可以看出，对于 x 极化入射波，仿真的 θ 值在 6.26 GHz、8.93 GHz 和 13.89 GHz 处分别为 88.02°、89.96° 和 89.87°。此结果进一步证实了在三个共振频率下，x 极化波几乎转换为 y 极化波。

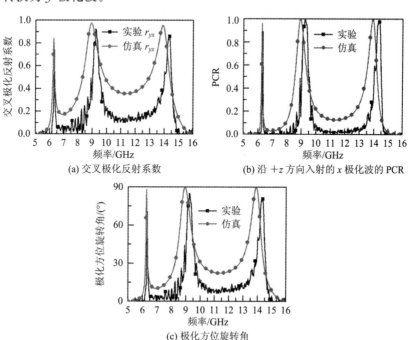

(a) 交叉极化反射系数　　　　　(b) 沿 $+z$ 方向入射的 x 极化波的 PCR

(c) 极化方位旋转角

图 3.8　线极化转换器的仿真和实验结果

如前所述，我们定义反射电磁波的 y 分量和 x 分量之间的相位差为 $\Delta\varphi_{yx} = \arg(r_{yx}) - \arg(r_{xx})$，此相位差反映了极化状态的类型和旋转方向。$\Delta\varphi_{yx} = 0$ 表示线极化状态，而其他条件则表示椭圆极化或圆极化状态。此外，当 $\sin(\Delta\varphi_{yx}) > 0$ 时，电场的端点沿顺时针方向旋转；当 $\sin(\Delta\varphi_{yx}) < 0$ 时[105]，则沿逆时针方向旋转。将相位差分为正、负两部分，相位差为负值表示极化旋转方向为顺时针方向，相位差为正值表示偏振旋转方向为逆时针方向。由图 3.9 可知，$\Delta\varphi_{yx}$ 在 6.26 GHz、8.93 GHz 和 13.89 GHz 三个共振频率附近为零。对于 x 极化垂直入射波，在 8.55 GHz、9.40 GHz 和 13.45 GHz 处，共极化和交叉极化反射波的振幅几乎相同，相位差 $\Delta\varphi_{yx} = \pm 90°$，这表示反射波为圆极化波。在其他频率下，则会产生椭圆极化波。图 3.10 显示了 x 极化入射波对应反射波的几种极化状态。其中图 3.10(a)～(b)描述了在 8.55 GHz 和 9.40 GHz 频率处圆极化波的结果，图 3.10(c)～(d)描述了在 8.16 GHz 和 13.46 GHz 频率处椭圆极化波的结果。我们可以清楚地看到线极化波被转换成圆极化波和椭圆极化波。

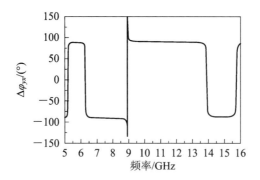

图 3.9 r_{yx} 和 r_{xx} 之间的相位差 $\Delta\varphi_{yx}$ 随频率的变化

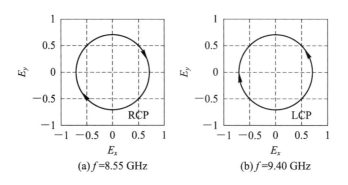

(a) f=8.55 GHz   (b) f=9.40 GHz

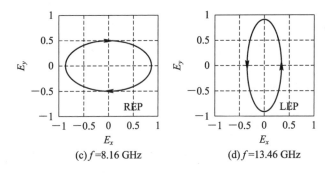

(c) $f = 8.16$ GHz　　　　　　(d) $f = 13.46$ GHz

图 3.10　x 极化入射波对应反射波的几种极化状态

圆极化转换器的仿真和实验结果如图 3.11 所示。

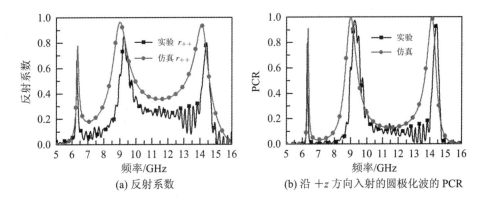

(a) 反射系数　　　　　　(b) 沿 $+z$ 方向入射的圆极化波的 PCR

图 3.11　圆极化转换器的仿真和实验结果

从图 3.11(a) 中可以看出，在 6.35 GHz、9.01 GHz 和 14.10 GHz 三个共振频率处，仿真的反射系数 r_{++} 分别为 0.78、0.96 和 0.94；在 6.30 GHz、9.29 GHz 和 14.41 GHz 三个共振频率处，实验测试的反射系数 r_{++} 分别为 0.67、0.84 和 0.80。如图 3.11(b) 所示，仿真计算的沿 $+z$ 方向入射的圆极化波的 PCR 在 6.35 GHz、9.01 GHz 和 14.10 GHz 三个共振频率处均达到 0.9 以上，因此基于本文提出的 UMM-RPC 可以实现圆极化转换。仿真结果和实验结果相比，微小的频率差异可能是由于制造误差以及介电板材料的实际介电常数与仿真中使用的值略有不同。首先，在使用 CST 微波工作室进行的仿真中，设置了周期性边界条件，这意味着所提出吸收体的物理尺寸是无限的。然而，实验样品的尺寸是有限的，会出现边缘衍射。而边缘衍射会导致仿真结果和实验结果之间产生差异。其次，实验条件也可能引起差异。测量中，发射天线和接收天线之间的角度接近 5°，而在仿真中采用了垂直入射的条件，由此造成的误差也是不可忽视的。不过，尽管存在这些差异，但实验测量结果与仿真结果在线性和圆极化转换的共振处都可以获得高 PCR。除了具有良好的极化转换特性，所提出的 UMM-RPC 还比较薄，在最低基本共振频率处，厚度几乎为 $\lambda/6$。

为了更好地理解反射型线极化转换器的物理机制，我们给出了 UMM 结构和底层金属层在共振频率处的表面电流分布（同样的分析方法可用于圆极化旋转[103]）。图 3.12(a) 显示了在共振频率 6.26 GHz 处，电磁波沿 z 方向通过板块时，UMM-RPC 中顶层和底层金属层的瞬时感应表面电流分布。当入射波为 x 极化波时，感应磁场 $\boldsymbol{H}$ 沿右上方向。感应磁场 $\boldsymbol{H}$ 的 y 分量 H_y 与入射电场 $\boldsymbol{E}$ 垂直，因此 H_y 与电场 $\boldsymbol{E}$ 之间不存在交叉耦合，H_y 不会导致极化旋转。感应磁场 $\boldsymbol{H}$ 的 x 分量 H_x 与入射电场 $\boldsymbol{E}$ 平行，从而导致 x 到 y 的交叉极化旋转。相同的物理机制发生在 8.93 GHz 的共振频率处，如图 3.12(b) 所示。感应磁场 $\boldsymbol{H}$ 的 y 分量 H_y 与入射电场 $\boldsymbol{E}$ 垂直，因此 H_y 和电场 $\boldsymbol{E}$ 之间没有交叉耦合。感应磁场 $\boldsymbol{H}$ 的 x 分量 H_x 与入射电场 $\boldsymbol{E}$ 平行，它们之间的交叉耦合导致 x 到 y 的交叉极化旋转。如图 3.12(c) 所示，在 13.89 GHz 的共振频率处，感应磁场由三个电流环激发。感应磁场 $\boldsymbol{H}$ 的 y 分量 H_y 垂直于入射电场 $\boldsymbol{E}$，因此 H_y 和电场 $\boldsymbol{E}$ 之间不存在交叉耦合。感应磁场 $\boldsymbol{H}$ 的 x 分量 H_x 与入射电场 $\boldsymbol{E}$ 平行，它们之间的交叉耦合导致 x 到 y 的交叉极化旋转。垂直于入射电场 $\boldsymbol{E}$ 的感应磁场分量，由于与入射磁场方向相同，因此不会出现在交叉耦合处。另一方面，与入射电场 $\boldsymbol{E}$ 平行的感应磁场分量可以感应出与入射电场 $\boldsymbol{E}$ 垂直的感应电场，感应电场导致极化转换。

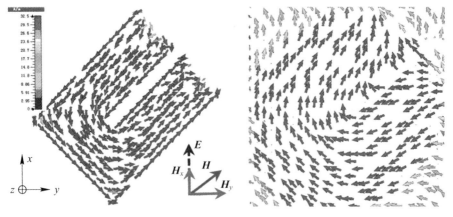

(a) f=6.26 GHz

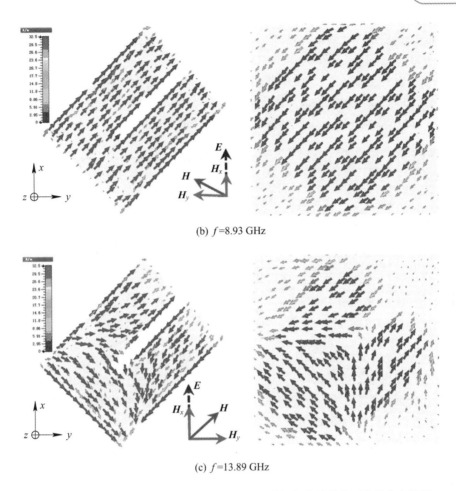

(b) *f*=8.93 GHz

(c) *f*=13.89 GHz

图 3.12　*x* 极化波入射时顶层和底层金属层在共振频率处的表面电流分布情况

3.3　基于 Ⅱ 型结构的高效非对称传输宽带线极化转换器

3.3.1　结构设计

本节提出了一个基于 Ⅱ 型结构的非对称传输宽带线极化转换器[106]。图 3.13(a)～(b)分别为实验中所用样品的局部照片和一个单元的结构图。Ⅱ 型结构放置在相对介电常数为 3.38、损耗角正切为 0.0027 的 Rogers RO4003 介质板的两侧。介质板两侧为相同图案，但角度相差 90°。Rogers RO4003 介质板上的金属覆层是厚度为 30 μm 的铜。图 3.13(c)显示了一个单元结构的正视图，可以看出，Ⅱ型手性材料(Ⅱ-CM)结构不具有 C_4 对称性，且在 z 方向上具有镜面不对称性的特点。由于手性特性，线极化波会表现出非对称传输效应[107-108]。最优参数如下：$a=12$ mm，$t=0.813$ mm，$w=1.2$ mm，$l=4.8$ mm，$h=6.8$ mm，$g=0.4$ mm，$d_1=2.4$ mm，$d_2=1.4$ mm。

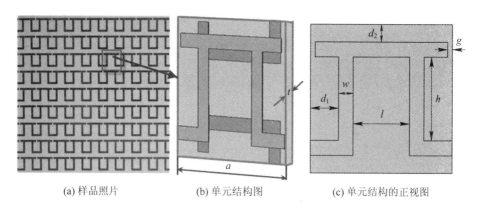

(a) 样品照片   (b) 单元结构图   (c) 单元结构的正视图

图 3.13 基于 Ⅱ 型结构的非对称传输宽带线极化转换器的相关结构图

我们使用电磁仿真软件 CST Microwave Studio(CST 微波工作室)进行数值仿真分析。在仿真中，我们得到了具有周期性边界条件的单个单元的透射系数，并且线性极化电磁波沿 z 方向垂直入射到样品表面，电场极化沿 x 轴，磁场极化沿 y 轴。我们在实验中采用传统的 PCB 工艺制作了尺寸为 15×15 的单元样品，制作的 Ⅱ-CM 板的部分照片如图 3.13(a)所示。在电磁微波暗室内，我们采用安捷伦 E8362B 矢量网络分析仪连接两个标准增益宽带线性极化天线，产生 9～16 GHz 范围内的微波，来测量 Ⅱ-CM 板的性能。通过改变两个天线的方向，我们可以得到不同极化状态下的电磁波透射系数的所有分量。

3.3.2 结果与讨论

图 3.14 显示了电磁波沿 +z 和 -z 方向入射时通过 Ⅱ-CM 结构后的透射系数的仿真和实验结果。当两个亚波长谐振器的正交排列保证了整个结构在正常入射观测下的各向同性时，x 极化波的共极化透射系数 t_{xx} 与 y 极化波的共极化透射系数 t_{yy} 相同[109]。然而，交叉极化透射系数 t_{xy} 在所有频率下都与 t_{yx} 有很大的不同。上述两个条件表明，在 Ⅱ-CM 中，线极化波具有 AT(非对称传输，asymmetric transmission)效应，而圆极化波不具有 AT 效应[110]。此外，

Π-CM 中有两个独立的通带显示出较强的光学活跃性，它们的总厚度约为 $\lambda/31$，其中一个用于 x—y 极化转换，另一个用于 y—x 极化转换。

当电磁波沿 $+z$ 方向入射时，在 $10.82\,\text{GHz}$ 左右，仿真的交叉极化透射系数 t_{yx} 达到最大值 0.93，仿真的共极化透射系数 t_{xx} 和 t_{yy} 均低于 0.103，如图 3.14(a)～(b) 所示。在这个通带中，入射的 x 极化波几乎转化为 y 极化波，而入射的 y 极化波则被 Π-CM 完全阻挡。在 $14.1\,\text{GHz}$ 左右，可以观察到一个明显的共振峰，交叉极化透射系数 t_{xy} 的最大值大于 0.90，入射的 y 极化波几乎转化为 x 极化波，而入射的 x 极化波则不能通过 Π-CM。

当电磁波沿 $-z$ 方向传播时，t_{yx} 和 t_{xy} 的数值相互交换，如图 3.14(c) 所示。在共振频率 $10.86\,\text{GHz}$ 处，实验的交叉极化透射系数 t_{xy} 达到最大值 0.91；在共振频率 $14.03\,\text{GHz}$ 处，可以观察到 t_{yx} 的最大值大于 0.90。t_{yx} 在共振频率 $14.03\,\text{GHz}$ 处的交叉极化透射系数为 0.91，在共振频率 $10.86\,\text{GHz}$ 处的为 0.90。实验结果与仿真结果吻合较好。共极化透射系数 t_{xx} 和 t_{yy} 的实验结果与仿真结果在图 3.14(b) 中基本一致，但有轻微的频率位移。轻微的频率差异可能是制造误差以及介电板材料的实际介电常数与仿真中使用的值略有不同导致的。首先，在使用 CST 微波工作室的仿真中，设置了周期性边界条件，这意味着该器件的物理尺寸是无限大的。然而，在实验中制备的样品的尺寸是有限的，会出现边缘衍射。而边缘衍射是造成仿真和实验结果之间的差异的原因之一。其次，具体的实验条件也会引起差异，如存在背景干扰。不过，尽管存在这些差异，但实验结果与仿真结果吻合较好，说明通过实验验证了 Π-CM 的运行效果。

图 3.15 给出了 x 和 y 线性极化波在正向传播方向上的非对称传输参数的仿真和实验结果。从图中可以清楚地看到，非对称传输参数 Δ^x 和 Δ^y 在 $10.82\,\text{GHz}$ 和 $14.1\,\text{GHz}$ 左右都有两个相反的峰，曲线中存在 $0.86/-0.86$ 和 $-0.85/0.84$ 的两组值。Δ^x 和 Δ^y 的取值表明，在正向传播方向上的 x/y 极化波在 $10.82\,\text{GHz}$ 左右多为禁止/允许，在 $14.1\,\text{GHz}$ 左右多为允许/禁止。实验的非对称传输参数与仿真的吻合良好，目前在 $10.89\,\text{GHz}$ 处为 0.84，在 $14.03\,\text{GHz}$ 处为 0.86。此结果表明，Δ^x 和 Δ^y 的两条曲线彼此完全相反。显然，该 Π-CM 在对线极化波的传输中表现出双频特性，其中一个频带对应 x 极化波，另一个频带对应 y 极化波[111]。

极化转换是由强烈的电磁响应产生的，它会产生一个垂直于入射波的极化的延迟波分量，从而使透射波的极化平面发生旋转[102]。下面我们给出两个金属层在两个共振频率处的表面电流分布，以研究电磁波在 Π-CM 结构中传播时的基本原理。图 3.16 显示了在 $10.82\,\text{GHz}$ 和 $14.1\,\text{GHz}$ 的共振频率处，电磁波沿 $+z$ 方向通过 Π-CM 结构时，该结构顶层和底层金属层的瞬时感应表面

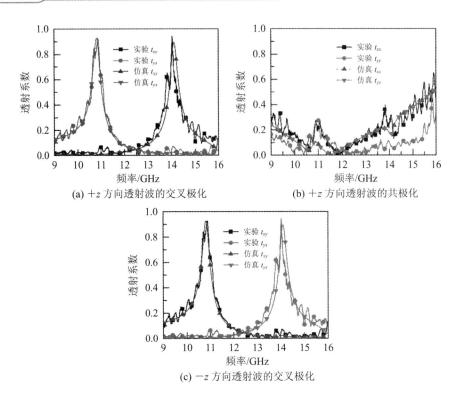

(a) +z 方向透射波的交叉极化

(b) +z 方向透射波的共极化

(c) −z 方向透射波的交叉极化

图 3.14　沿 +z 和 −z 方向入射的电磁波通过 Ⅱ-CM 结构后的透射系数的仿真和实验结果

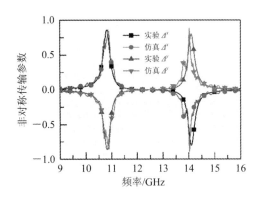

图 3.15　x 和 y 线性极化波在正向传播方向上的非对称传输参数的仿真和实验结果

电流分布。图 3.16(a) 描述了在 10.82 GHz 处，x 极化波入射时，Ⅱ-CM 结构顶层和底层的电流分布，从中可以看出顶层和底层金属层的表面电流是反相的。入射波在顶层和底层金属层上激发两个电流回路，从而产生两个磁偶极矩

m_1 和 m_2。同时，两个电偶极子 p_1 和 p_2 被激发，这也会导致极化转换。感应磁场 H_1（由 m_1 产生）垂直于入射电场 E，因此 H_1 与入射电场 E 之间不存在交叉耦合，H_1 对极化转换没有作用。感应磁场 H_2（由 m_2 产生）沿 x 轴，与入射电场 E 平行，它们之间的交叉耦合导致 x—y 交叉极化转换。电偶极子 p_1 和 p_2 可以分别诱导电场 E_1 和 E_2。电场 E_1 垂直于入射电场 E，电场 E_2 平行于入射电场 E。因此，入射电场 E 与感应电场 E_1 之间的交叉耦合导致 x—y 交叉极化转换，而感应电场 E_2 与入射电场 E 之间没有交叉耦合。在 14.1 GHz 处，y 极化波入射时，电偶极矩的激发方式如图 3.16(b) 所示。此时极化转换主要是由电偶极矩 p_{II} 激发的。感应电场 E_{II} 垂直于入射电场 E，它们之间的交叉耦合导致 y—x 交叉极化转换。

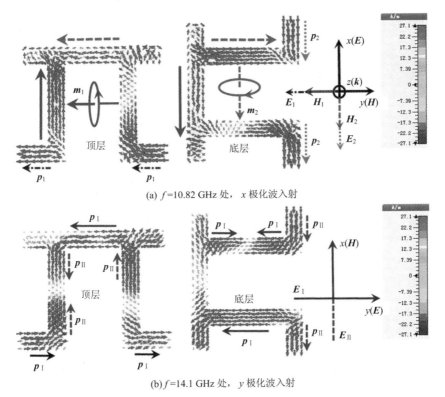

(a) f=10.82 GHz 处，x 极化波入射

(b) f=14.1 GHz 处，y 极化波入射

图 3.16　II-CM 结构顶层和底层金属层的瞬时感应表面电流分布

此外，观察结构内部极化转换的一个直接方法是观察 x 极化波和 y 极化波的电场分布。图 3.17 显示了电磁波在入射和出射的区域以及在设计的 II-CM 内的电场分布。从图 3.17(a) 可以清楚地看出，在 10.82 GHz 处，板内的场图案扭曲，即使入射波为 x 极化波，出射波也是 y 极化波。这是因为在

10.82 GHz 处只有 y 极化波分量被允许通过 x 取向的 Π-CM。在 14.1 GHz 处，入射波为 y 极化波，出射波为 x 极化波，如图 3.17(b) 所示。这一观察结果支持了 AT 是由共振极化转换以及与正交极化具有不同耦合的双各向异性的 Π 型结构引起的。

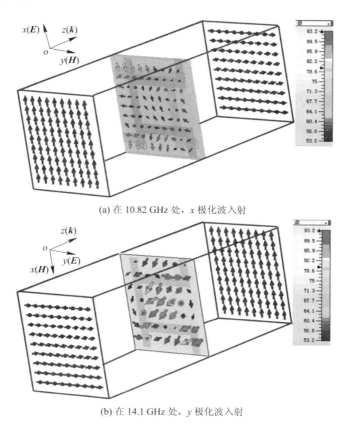

(a) 在 10.82 GHz 处，x 极化波入射

(b) 在 14.1 GHz 处，y 极化波入射

图 3.17 电磁波在入射和出射的区域以及在设计的 Π-CM 内的电场分布

3.4 透反一体双功能超表面极化转换器

3.4.1 结构设计

本节提出了一个透反一体的双功能超表面极化转换器[112]。图 3.18 显示了所设计的结构，该结构由两个相同的经典开口谐振环组成，开口谐振环由基板薄板隔

开。该结构在 xoy 平面的正视图如图 3.18(a)所示,开口谐振环的间隙沿 x 轴和 y
轴之间的中线切割。该结构示意图如图 3.18(b)所示,顶层和底层之间两个间隙的
角度 2β 为 90°。基板层为 F4B,厚度为 1 mm,介电常数为 2.65,损耗角正切为
0.001。开口谐振环由铜制成,厚度为 0.035 mm,电导率为 5.8×10^7 S/m。

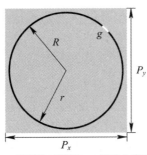

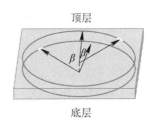

(a) 结构在 xoy 平面的正视图(F4B衬底上镶嵌的顶
层铜SRR结构的具体几何参数为:$R=$ 4.8 mm,
$r=$ 4.56 mm,$g=$ 0.4 mm,$P_x=P_y=$10 mm)

(b) 结构示意图(仿真中,两个相
同的铜层旋转了 2β,且 $\beta=$45°)

图 3.18 所设计的结构示意图

图 3.19 显示了所提出超表面极化转换的工作原理。该超表面可以同时提
供反射波和透射波的双极化操作,即将反射波和透射波转换成工作频率的正交
波。如图 3.19 所示,当 x 极化波入射到设计的超表面时,可以在反射模式和
透射模式下均转换为 y 极化波,入射到设计的超表面的 y 极化波可以在反射
模式和透射模式下均转换为 x 极化波。也就是说,x 极化入射波在工作频率处
可以以 y 极化波的形式反射和透射,y 极化入射波在工作频率处可以以 x 极化
波的形式反射和透射。上述工作过程表明,所设计的超表面可以同时调节反射
波和透射波的极化状态。

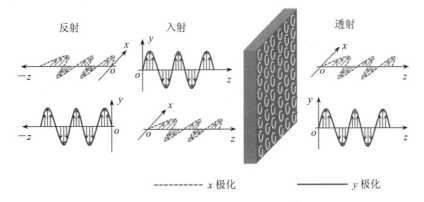

图 3.19 所提出超表面极化转换的工作原理

3.4.2 结果与讨论

首先,我们将反射矩阵和透射矩阵分别定义为 $\boldsymbol{R}$ 和 $\boldsymbol{T}$,且

$$
\begin{cases}
\boldsymbol{R} = \begin{pmatrix} r_{xx} & r_{xy} \\ r_{yx} & r_{yy} \end{pmatrix} \\[3mm]
\boldsymbol{T} = \begin{pmatrix} t_{xx} & t_{xy} \\ t_{yx} & t_{yy} \end{pmatrix}
\end{cases}
\tag{3-1}
$$

这里,x 和 y 分别表示 x 极化波和 y 极化波;r_{xx} 和 r_{yx}(t_{xx} 和 t_{yx})分别表示当 x 极化波入射到超表面时,共极化和交叉极化的反射(透射)系数;r_{yy} 和 r_{xy}(t_{yy} 和 t_{xy})分别表示当 y 极化波入射到超表面时,共极化和交叉极化的反射(透射)系数。PCR 用于揭示所提出超表面的极化转换性能,可定义为

反射

$$
\begin{cases}
\mathrm{PCR}_x = \dfrac{r_{yx}^2}{r_{yx}^2 + r_{xx}^2} \\[4mm]
\mathrm{PCR}_y = \dfrac{r_{xy}^2}{r_{xy}^2 + r_{yy}^2}
\end{cases}
\tag{3-2}
$$

透射

$$
\begin{cases}
\mathrm{PCR}_x = \dfrac{t_{yx}^2}{t_{yx}^2 + t_{xx}^2} \\[4mm]
\mathrm{PCR}_y = \dfrac{t_{xy}^2}{t_{xy}^2 + t_{yy}^2}
\end{cases}
\tag{3-3}
$$

这里,在计算反射 PCR 时不考虑透射系数,在计算透射 PCR 时忽略反射系数。采用这种方法的优点是我们可以独立地获得反射波和透射波的能量转换。极化方位旋转角 Ψ 可以通过以下公式计算:

$$
\Psi = \frac{1}{2}\arctan\frac{2p\cos\varphi}{1-p^2}
\tag{3-4}
$$

其中,$p = \dfrac{r_{ij}}{r_{jj}}$ 或 $p = \dfrac{t_{ij}}{t_{jj}}$($i=x$,$j=y$ 或 $i=y$,$j=x$),φ 表示反射和透射情况下交叉极化系数和共极化系数之间的相位差。

图 3.20 描述了 x 极化波入射时的仿真和实验的反射结果。图 3.20(a)~(b) 显示,在 $f_1 = 3.76\,\mathrm{GHz}$ 和 $f_2 = 9.74\,\mathrm{GHz}$ 处,仿真的 r_{xx} 分别是 0.02 和 0.01,仿真的 r_{yx} 分别是 0.09 和 0.41。我们可以从图 3.20(b)~(c)中看到,r_{yx} 略低,但在 $f_1 = 3.76\,\mathrm{GHz}$ 处,仿真的 PCR 大于 0.9,这意味着 90% 以上的反射能量已

经转换为 y 极化波。根据仿真和实验结果计算的极化方位旋转角 Ψ 如图 3.20 (d)所示。

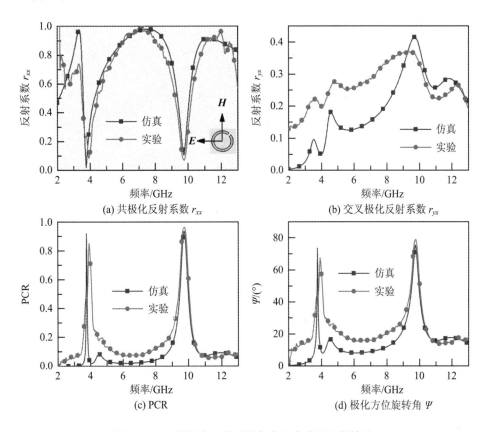

(a) 共极化反射系数 r_{xx}

(b) 交叉极化反射系数 r_{yx}

(c) PCR

(d) 极化方位旋转角 Ψ

图 3.20　x 极化波入射时的仿真和实验的反射结果

在频率 $f_1 = 3.76$ GHz 和 $f_2 = 9.74$ GHz 处，仿真的 x 极化入射波的 Ψ 分别为 73.4° 和 75.6°。这意味着反射波的极化角相对于入射波旋转了 73.4° 和 75.6°，实验结果验证了仿真结果的正确性。实验中的交叉极化反射系数与仿真中的明显不同，并且在 2～9 GHz 频率范围内大于仿真中的结果。该误差是在实验过程中产生的，是不可避免的。

图 3.21 显示了 x 极化波入射时的仿真和实验的透射结果。从图 3.21 (a)～(b)中看出，在 $f_1 = 3.36$ GHz、$f_2 = 7.66$ GHz 和 $f_3 = 11.25$ GHz 处，仿真的 t_{xx} 接近零，仿真的 t_{yx} 分别约为 0.05、0.04 和 0.28。图 3.21(c)～(d)显示在这三个频率处，PCR 大于 0.8，Ψ 大于 75°。上述结果证明了所设计的超表面将透射波几乎转换为与其正交的分量。

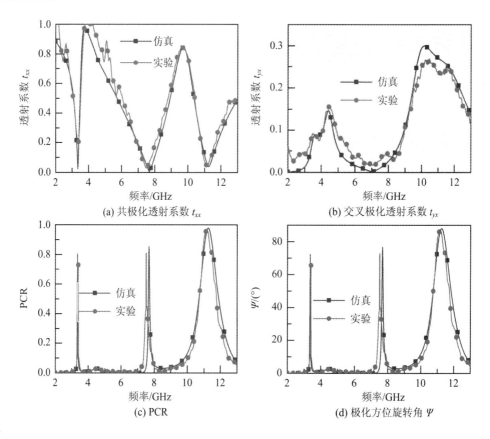

(a) 共极化透射系数 t_{xx}

(b) 交叉极化透射系数 t_{yx}

(c) PCR

(d) 极化方位旋转角 Ψ

图 3.21 x 极化波入射时的仿真和实验的透射结果

下面我们考虑所设计的超表面在 y 极化波正入射时的极化特性。从图 3.22(a)～(b)中我们可以看到，在 $f_1=4.64$ GHz 和 $f_2=11.25$ GHz 处，仿真的 r_{yy} 分别为 0.04 和 0.06，仿真的 r_{xy} 分别为 0.19 和 0.27。根据仿真和实验结果计算的 PCR 和 Ψ 分别如图 3.22(c)、(d)所示，可以看出，在 $f_1=4.64$ GHz 和 $f_2=11.25$ GHz 处，PCR 大于 0.95，仿真的 y 极化入射波的 Ψ 分别为 75.9° 和 77.4°。图 3.23 显示了 y 极化波正入射时的仿真和实验的透射结果。从图 3.23(a)～(b)中我们可以看到，在 $f_1=4.20$ GHz、$f_2=7.78$ GHz 和 $f_3=13.17$ GHz 处，t_{yy} 几乎为 0，而 t_{xy} 不为 0。上述结果表明，在这三个频率处实现了极化转换。如图 3.23(c)～(d)所示的 PCR 和 Ψ 证实了超表面可以在 4.20 GHz、7.78 GHz 和 13.17 GHz 处将入射波转换为其交叉分量波。

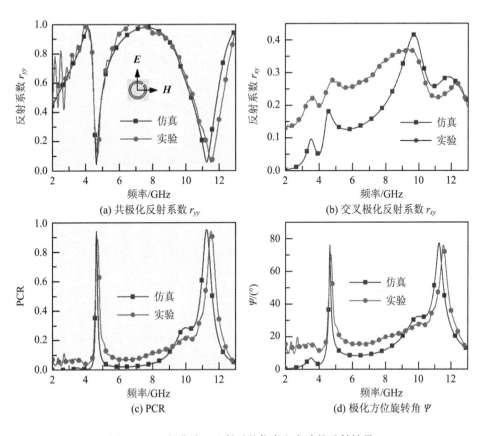

(a) 共极化反射系数 r_{yy}

(b) 交叉极化反射系数 r_{xy}

(c) PCR

(d) 极化方位旋转角 Ψ

图 3.22　y 极化波正入射时的仿真和实验的反射结果

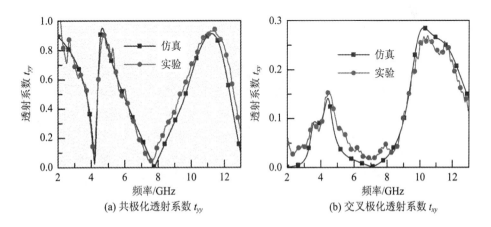

(a) 共极化透射系数 t_{yy}

(b) 交叉极化透射系数 t_{xy}

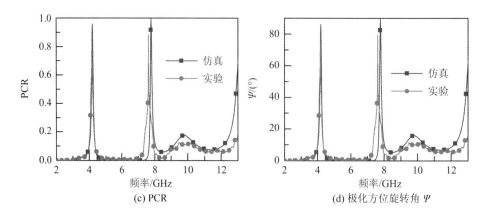

(c) PCR

(d) 极化方位旋转角 Ψ

图 3.23 y 极化波正入射时的仿真和实验的透射结果

所设计超表面的优越性在于它可以在较宽的斜入射角下工作。图 3.24 显示了以 15°为步长从 0°至 60°的不同入射角下的 PCR。

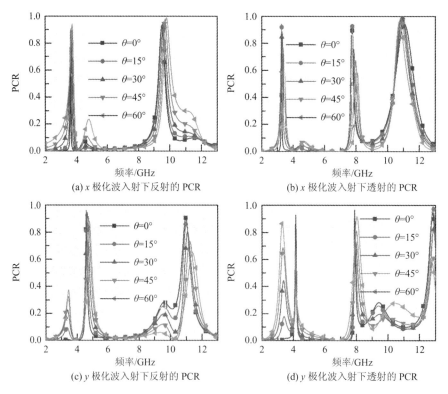

(a) x 极化波入射下反射的 PCR

(b) x 极化波入射下透射的 PCR

(c) y 极化波入射下反射的 PCR

(d) y 极化波入射下透射的 PCR

图 3.24 不同入射角下的 PCR

从图 3.24(a)～(b)可以看出，在 x 极化波入射下，当入射角从 0°增加到 60°时，反射模式和透射模式中的 PCR 几乎不受影响。然而，在 y 极化波入射下，当入射角从 0°增加到 60°时，反射模式和透射模式中的 PCR 均单调减少，如图 3.24(c)～(d)所示。需要特别指出，x 极化波入射时，在 3.36 GHz 和 7.67 GHz 处的透射系数很小，轻微的偏差可能会导致较大的变化，因此 PCR 随着入射角从 0°增加到 60°而降低。这种现象在 y 极化波入射时不会出现，因为 y 极化需要两层之间的磁耦合响应。对于 x 极化入射波，沿 y 轴的磁场方向可以有效地激发任意斜入射角的圆形电流。对于 y 极化入射波，磁场沿 x 轴，并且磁场不能有效地以任意斜入射角激发圆形电流。为了更好地观察极化转换效应，我们给出不同极化入射波反射和透射的轴比，如图 3.25 所示。对于 x 极化入射波，反射的轴比值在 3.76 GHz 处为 4.59 dB、在 9.74 GHz 处为 11.31 dB，透射的轴比值在 3.36 GHz 处为 6.18 dB、在 7.66 GHz 处为 11.72 dB、在 11.25 GHz 处为 12.30 dB；对于 y 极化入射波，反射的轴比值在 4.64 GHz 处为 11.79 dB、在 11.25 GHz 处为 9.84 dB，透射的轴比值在 4.19 GHz 处为 10.99 dB、在 7.78 GHz 处为 14.20 dB、在 13.17 GHz 处为 12.38 dB。可以看出，在共振频率下，轴比几乎高于 5 dB，PCR 几乎大于 90%。

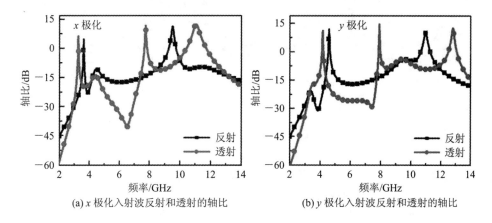

(a) x 极化入射波反射和透射的轴比　　　(b) y 极化入射波反射和透射的轴比

图 3.25　不同极化入射波反射和透射的轴比

下面利用表面电流分布研究极化转换的物理特性。我们以入射 y 极化波为例，在图 3.26 中描述了本节所提出双功能超表面的表面电流分布。图 3.26(a)显示了 4.64 GHz 处的表面电流分布。从图中可以看出磁偶极子沿 y 轴被激发。因此，电场对应于 x 轴，这意味着在反射情况下超表面在 4.64 GHz 处将 y 极化波转换为 x 极化波。与 4.64 GHz 处的情况相比，在 11.25 GHz 处沿 y 方向激发两个磁偶极子，如图 3.26(b)所示，表明入射的 y 极化波被转换为 x 极化波。透射

波在 z 轴三个共振频率处的表面电流分布如图 3.26(c)～(e)所示。从图中可以看出，主要是沿 y 轴的表面电流激发了磁场，这表明入射的 y 极化波在三个共振频率处透射后转换为 x 极化波。不同的是，随着频率的增加，被激发的磁偶极子的数量逐渐增加。由传输线理论可知，随着共振频率的增加，产生共振的电容和电感减小，形成磁偶极子的相应电流环也逐渐减小。

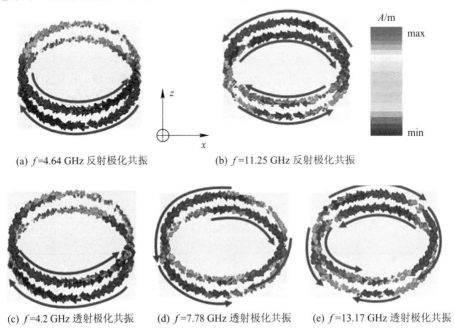

(a) f=4.64 GHz 反射极化共振　　　　(b) f=11.25 GHz 反射极化共振

(c) f=4.2 GHz 透射极化共振　　(d) f=7.78 GHz 透射极化共振　　(e) f=13.17 GHz 透射极化共振

图 3.26　双功能超表面的表面电流分布

使用电磁仿真软件 CST 进行数值模拟，为了表征电磁波的传播，在 x 和 y 方向应用单元边界条件来模拟无限边界；在 z 方向设置开放边界条件，对于 x 极化波和 y 极化波，Floquet 模式的端口数均设置为 2。这样可以同时计算共极化和交叉极化的反射和透射参数。

采用 PCB 技术加工的超表面与仿真的几何形状相同，实验样品如图 3.27 (a)所示。反射和透射参数由一对相同的标准宽带喇叭天线（1～18 GHz）测试，该天线通过微波暗室中的电缆连接到矢量网络分析仪（安捷伦 E8362B），测试环境如图 3.27(b)～(c)所示。为了测试反射系数，将样品放在两个喇叭的同一侧，并使用与样品尺寸相同的铜板进行归一化。首先，将喇叭 1 固定在水平方向上以发射 y 极化波，该 y 极化波被反射，将喇叭 2 分别放置在水平和垂直方向上以接收具有共极化和交叉极化反射系数的反射波；然后，将喇叭 1 沿垂直方向旋转以发射 x 极化波，喇叭 2 以相同的方式接收共极化波和交叉极化波。

天线与样品之间的距离为 2 m，以避免近场效应。测试前，使用与样品尺寸相同的金属板进行校准。为了测试透射系数，将转换器放置在两个喇叭的中间，通过旋转两个天线的方向可以测试不同极化的共极化和交叉极化透射系数。仿真和实验的交叉极化系数的差异是由实验环境造成的，特别对交叉极化反射系数。共极化天线校准后，将接收天线旋转 90°，测试交叉极化系数。当我们旋转天线时，由于入射角和接收天线中心位置不可避免地会发生变化，因此校准值略有不同。

(a) 实验样品　　　　　　　(b) 测试环境一　　　　　　(c) 测试环境二

图 3.27　实验样品与测试环境

第 4 章　宽频极化转换器

　　超表面可以将一个特定的偏振态转换为任意偏振态(如线性、圆形和椭圆形),且具有轮廓低和重量轻的优点[113-116]。手性和各向异性超表面都被提出用于偏振控制[117-122]。典型的手性超材料可以通过叠加金属手性结构来实现,如螺旋[123-125]、分裂环谐振器[89,126-127]以及其他非对称结构[128-130]。它们在微波和可见光频域[131-134]被广泛用于操纵透射波的偏振态。然而,由于其谐振特性,这些设备中的大多数仅在窄频带中工作。另一方面,各向异性超表面可以通过反射实现宽带偏振转换。在反射型极化转换器的设计中我们提出了各种结构,如切割线[135-137]、V 型谐振器[58,138]和等离子体超表面[139-141]。在之前的工作中,我们提出了切割金属线贴片结构超表面来实现单频波段[142]的极化操纵。在本章中,我们分别提出了单波段和双波段的宽频极化转换器。

4.1　基于 Wi-Fi 形状超表面的反射型线—圆极化转换器

4.1.1　结构设计

　　图 4.1(a)显示了反射型线—圆极化转换器的单元结构图[143]。顶部是覆盖着 Wi-Fi 形状的金属图案。中间层为 F4B 介质基板,其相对介电常数为 2.65,损耗角正切为 0.001。底层为金属片,用来阻挡电磁波的透射。金属层为 0.035 mm 厚的铜,其电导率 $\sigma = 5.8 \times 10^7 \text{S/m}$。图 4.1(b)给出了单元结构的正视图。优化后的几何尺寸如下:$p = 7.7$ mm,$h = 3$ mm,$w = 1$ mm,$d = 0.45$ mm。利用 CST Microwave Studio 软件对线—圆极化转换器进行数值模拟,x 和 y 方向均采用周期边界条件,z 方向采用 Floquet 端口激励。

(a) 单元结构图

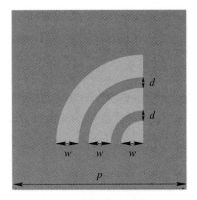

(b) 单元结构的正视图

图 4.1　反射型线－圆极化转换器的单元结构及其正视图

接下来，我们给出所设计的线－圆极化转换器的等效电路模型。对于周期性 Wi-Fi 形状结构，在 y 极化波入射的情况下，与电场方向平行的弧形金属条表现出电感特性，可以分别等效为 L_1、L_2、L_3。相邻两个弧形金属条之间的耦合呈现电容性，可以等效为 C_{gap1} 和 C_{gap2}。C_1、C_2、C_3 分别为周期性 Wi-Fi 形状弧形金属条之间的等效电容。图 4.2(a)为极化转换器的等效电路图。由于所提出结构的各向异性，y 极化入射波的电场 $\boldsymbol{E}^i$ 可以分解为两个正交分量 $\boldsymbol{E}_u$ 和 $\boldsymbol{E}_v$，如图 4.2(b)所示。

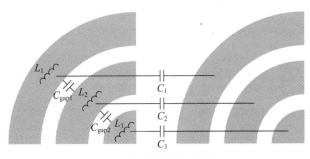

(a) 极化转换器等效电路

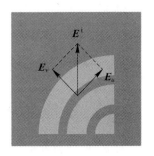

(b) 电场分解示意图

图 4.2　极化转换器等效电路分析

我们分别给出 $\boldsymbol{E}_u$ 和 $\boldsymbol{E}_v$ 方向的等效电路模型，如图 4.3 所示。图 4.3(a)为 $\boldsymbol{E}_u$ 方向的等效电路模型，其中长度为 h 的传输线表示介质基板，Z_0 和 Z_1 分别为自由空间和介质基板的等效特征阻抗。三个金属条等效为三个并联的电阻－电感－电容(RLC)串联电路。三个金属条的等效导纳分别表示为

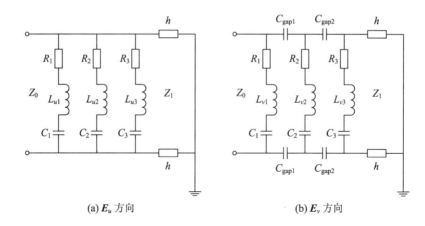

(a) $\boldsymbol{E}_u$ 方向   (b) $\boldsymbol{E}_v$ 方向

图 4.3 等效电路模型

$$Y_{u1} = \cfrac{1}{R_1 + \mathrm{j}\omega L_{u1} + \cfrac{1}{\mathrm{j}\omega C_1}} \qquad (4-1)$$

$$Y_{u2} = \cfrac{1}{R_2 + \mathrm{j}\omega L_{u2} + \cfrac{1}{\mathrm{j}\omega C_2}} \qquad (4-2)$$

$$Y_{u3} = \cfrac{1}{R_3 + \mathrm{j}\omega L_{u3} + \cfrac{1}{\mathrm{j}\omega C_3}} \qquad (4-3)$$

Wi-Fi 结构层的等效导纳和阻抗为

$$Y_{re}^{u} = Y_{u1} + Y_{u2} + Y_{u3} \qquad (4-4)$$

$$Z_{re}^{u} = \frac{1}{Y_{re}^{u}} \qquad (4-5)$$

介质基板的等效阻抗为

$$Z_s = \mathrm{j}Z_0 \tan(\beta h) \qquad (4-6)$$

式中，β、h 分别为相常数和介质基板厚度。

极化转换器的等效阻抗为

$$Z_u = \frac{Z_{re}^{u} \cdot Z_s}{Z_{re}^{u} + Z_s} \qquad (4-7)$$

$\boldsymbol{E}_v$ 方向的分析与之类似，但金属条之间存在等效电容 C_{gap1} 和 C_{gap2}。三个金属条的等效导纳分别表示为

$$Y_{v1} = \cfrac{1}{R_1 + j\omega L_{v1} + \cfrac{1}{j\omega C_1}} \tag{4-8}$$

$$Y_{v2} = \cfrac{1}{R_2 + j\omega L_{v2} + \cfrac{1}{j\omega C_2}} \tag{4-9}$$

$$Y_{v3} = \cfrac{1}{R_3 + j\omega L_{v3} + \cfrac{1}{j\omega C_3}} \tag{4-10}$$

Wi-Fi 结构层的等效导纳和阻抗为

$$Y_{re}^{v} = Y_{v1} + Y_{v2} + Y_{v3} + \frac{1}{j\omega C_{gap1}} + \frac{1}{j\omega C_{gap2}} \tag{4-11}$$

$$Z_{re}^{v} = \frac{1}{Y_{re}^{v}} \tag{4-12}$$

极化转换器的等效阻抗为

$$Z_v = \frac{Z_{re}^{v} \cdot Z_s}{Z_{re}^{v} + Z_s} \tag{4-13}$$

图 4.3 表明了金属条之间的间距导致 Z_u 和 Z_v 之间存在相位差。由于阻抗 Z_u 的电容比 Z_v 弱，电感比 Z_v 强，因此 E_u 分量会比 E_v 分量滞后 $Z_u - Z_v$。通过改变金属图案和介质基板的尺寸，以满足 $|Z_u| = |Z_v|$ 和 $\arg(Z_u - Z_v) = -90°$，从而实现线—圆极化转换。

4.1.2　结果与讨论

为了更好地理解所设计的极化转换器的性能，我们定义 $r_{yy} = |E_y^r / E_y^i|$ 和 $r_{xy} = |E_x^r / E_y^i|$ 分别为共极化和交叉极化反射系数。其中，上标 i 和 r 分别代表入射和反射，下标 x 和 y 表示电磁波的极化方向。r_{xy} 和 r_{yy} 之间的相位差为 $\Delta\varphi_{xy} = \arg(r_{xy}) - \arg(r_{yy})$。为了实现线极化波到圆极化波的转换，需要满足 $r_{xy} = r_{yy}$ 和 $\Delta\varphi_{xy} = \pm\pi/2$（$\Delta\varphi_{xy} = \pi/2$ 为左旋圆极化波，$\Delta\varphi_{xy} = -\pi/2$ 为右旋圆极化波）。

图 4.4 显示了 y 极化波沿 $-z$ 方向垂直入射时线—圆极化转换器的仿真结果。反射系数如图 4.4(a)所示，其中 r_{xy} 和 r_{yy} 在 14～18.5 GHz 范围内几乎相等。此外，从图 4.4(b)可以明显看出，在 12～20 GHz 范围内，相位差 $\Delta\varphi_{xy}$ 为 $-90°$，说明所提出的极化转换器在工作波段内实现了线极化波到右旋圆极化波的转换。

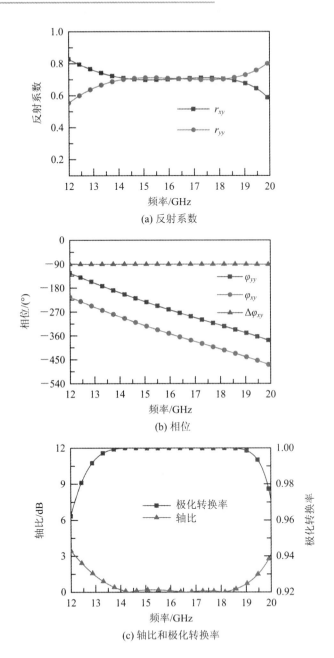

(a) 反射系数

(b) 相位

(c) 轴比和极化转换率

图 4.4 y 极化波沿 $-z$ 方向垂直入射时线一圆极化转换器的仿真结果

为了进一步分析圆极化转换的性能，并确定所提出极化转换器的有效带宽，我们通过式(4-14)至式(4-16)计算了轴比(AR)[144]，AR 在 12.1～20 GHz 范围内低于 3 dB，表明电磁波是圆极化波。此外，我们利用式(4-17)至式(4-19)计算了极化转换率(PCR)[145]。轴比和极化转换率计算结果如图 4.4(c)所示。

$$AR = \sqrt{\frac{|r_{xy}|^2 + |r_{yy}|^2 + \sqrt{a}}{|r_{xy}|^2 + |r_{yy}|^2 - \sqrt{a}}} \qquad (4-14)$$

$$a = |r_{xy}|^4 + |r_{yy}|^4 + 2|r_{xy}|^2 |r_{yy}|^2 \cos(2\Delta\varphi_{xy}) \qquad (4-15)$$

$$\Delta\varphi_{xy} = \varphi_{xy} - \varphi_{yy} \qquad (4-16)$$

$$r_{\text{RHCP}-y} = \frac{\sqrt{2}\,(r_{xy} + \mathrm{j}r_{yy})}{2} \qquad (4-17)$$

$$r_{\text{LHCP}-y} = \frac{\sqrt{2}\,(r_{xy} - \mathrm{j}r_{yy})}{2} \qquad (4-18)$$

$$\text{PCR} = \frac{|r_{\text{RHCP}-y}|^2}{|r_{\text{RHCP}-y}|^2 + |r_{\text{LHCP}-y}|^2} \qquad (4-19)$$

从图 4.4(c)可以看出，在 12.77～19.58 GHz 范围内，PCR 在 99% 以上，占 3dB AR 带宽(12.1～20 GHz)的 86.2%。仿真结果表明，所设计的极化转换器能够在宽频带内有效地将 y 极化入射波转换为圆极化波。

图 4.5 为不同入射角下轴比(AR)和极化转换率(PCR)的仿真结果。随着入射角 θ 的增加，AR 值增加，3 dB AR 带宽逐渐变窄，97% 以上 PCR 的相应带宽也逐渐变窄。这主要是因为设计的结构不是中心对称的。

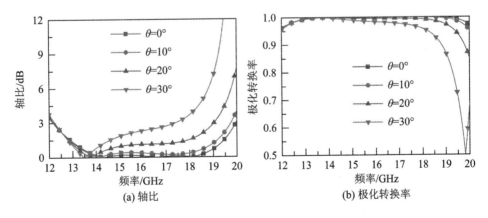

(a) 轴比　　　　　　　　　(b) 极化转换率

图 4.5　不同入射角下轴比和极化转换率的仿真结果

为了揭示极化转换的原理，将 x 轴和 y 轴绕 z 轴旋转 45° 得到 u、v 坐标轴，将 y 极化波沿 u、v 坐标轴[95]分解。入射电场 **E**[i] 和反射电场 **E**[r] 分别分解

为 E_u^i、E_v^i 和 E_u^r、E_v^r，如图 4.6 所示。入射电场可以表示为

$$\boldsymbol{E}^i = E_y^i \boldsymbol{e}_y = E_u^i \boldsymbol{e}_u + E_v^i \boldsymbol{e}_v = \frac{\sqrt{2} E_y^i (r_{uu} \boldsymbol{e}_u + r_{vv} \boldsymbol{e}_v)}{2} \qquad (4-20)$$

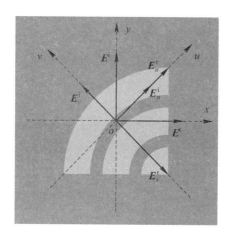

图 4.6　电场分解示意图

在 uov 坐标系中，$\boldsymbol{e}_u$ 和 $\boldsymbol{e}_v$ 分别为对应方向的单位向量，r_{uu} 和 r_{vv} 分别为 u、v 方向的共极化反射系数。r_{uu} 与 r_{vv} 的关系为：$r_{vv} = r_{uu} \mathrm{e}^{-\mathrm{j}\Delta\varphi}$，$\Delta\varphi$ 表示 u、v 方向上的相位差。因此，反射电场可以表示为[146]

$$\boldsymbol{E}^r = E_u^r \boldsymbol{e}_u + E_v^r \boldsymbol{e}_v = \frac{\sqrt{2} E_y^r r_{uu} (\boldsymbol{e}_u + \mathrm{e}^{-\mathrm{j}\Delta\varphi} \boldsymbol{e}_v)}{2} \qquad (4-21)$$

理论上，我们可以将圆极化波分解为两个振幅相等、相位差为 90° 的正交线极化波，因此，当满足 $|r_{uu}| = |r_{vv}| = 1$ 和 $\Delta\varphi = \pm 90°$ 时，会产生线极化波到圆极化波的极化转换。结构的各向异性是 u、v 方向相位不同的根本原因。将 Wi-Fi 层沿 u、v 方向分解，在 u 方向上，由于金属条的存在，单元结构呈现电感效应；在 v 方向上，金属条之间存在间隙，会产生电容效应，因此结构充当电容器。u 轴和 v 轴的电感效应和电容效应分别导致相应极化的不同相位，从而导致极化转换。此外，u 轴和 v 轴上由电感效应和电容效应产生的多重谐振是极化转换器具有宽频带的原因。

根据上述理论，我们仿真了极化转换器在 u、v 极化波入射下的情况。图 4.7 呈现了仿真的反射系数和相位差。结果表明，在工作频带内 r_{uu} 和 r_{vv} 几乎等于 1，相位差几乎为 90°，因此所设计的极化转换器能够实现从线极化波到圆极化波的转换。

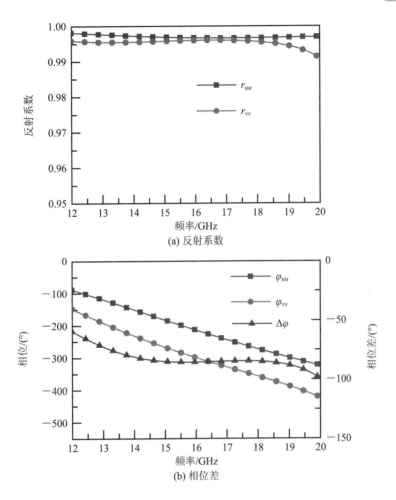

(a) 反射系数

(b) 相位差

图 4.7　u、v 极化波入射下的仿真结果

图 4.8 以 14 GHz 和 18.5 GHz 处的电流分布为例,进一步解释了线－圆极化转换器的物理性质。图 4.8(a)描绘了 14 GHz 处 u 极化波入射时顶层和底层的表面电流分布。我们可以看到,顶层和底层的电流方向相反,在中间的介质层中形成了一个电流环,从而产生磁偶极子。图 4.8(b)是 14 GHz 处 v 极化波入射时的表面电流分布,分析方法与 u 极化入射波相同。m_1 和 m_2 分别是 u 极化波和 v 极化波产生磁共振时的等效磁矩。它们控制 u 方向和 v 方向上反射波的相应振幅和相位。当反射波的振幅相同、相位差为 90° 时,会产生线－圆极化转换。如图 4.8(c)~(d)所示为 18.5 GHz 处 u、v 极化波入射时顶层和底层的表面电流分布,相关原理与上述相同。

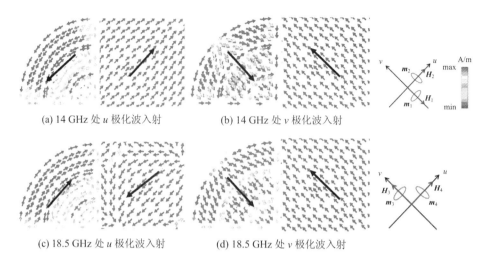

(a) 14 GHz 处 u 极化波入射　　　　　　(b) 14 GHz 处 v 极化波入射

(c) 18.5 GHz 处 u 极化波入射　　　　　(d) 18.5 GHz 处 v 极化波入射

图 4.8　顶层和底层的表面电流分布

　　下面我们仿真不同结构参数下的 AR，以评估几何形状对所设计极化转换器 AR 的影响。当 AR≤3 dB 时，可以认为实现了圆极化转换，因此常用 3 dB AR 带宽来表征圆极化转换的性能。从图 4.9(a) 中可以观察到，当结构周期 p 从 7.4 mm 变为 8.3 mm 时，3 dB AR 带宽随着 p 的增加而逐渐变窄，这意味着结构周期 p 对 3 dB AR 带宽有重要影响。图 4.9(b) 显示了轴比随弧形结构宽度 w 的变化。可以很明显地看到，当 $w=1$ mm 时，AR 接近于 0，且 3 dB 以下的 AR 带宽达到最大值；无论 w 增大还是减小，AR 都会上升，且 3 dB 以下 AR 带宽逐渐减小。我们还讨论了轴比随弧形结构之间的距离 d 的变化，如图 4.9(c) 所示。当 $d=0.45$ mm 时，AR 接近于 0；但当 d 为其他值时，AR 随之变大，且在 3 dB 以下的 AR 带宽也变窄。

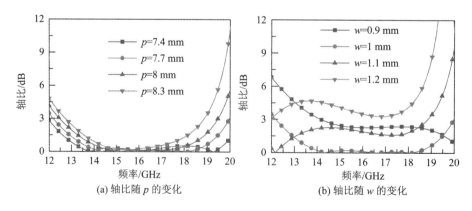

(a) 轴比随 p 的变化　　　　　　　　(b) 轴比随 w 的变化

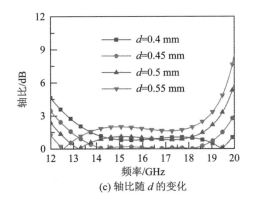

(c) 轴比随 d 的变化

图 4.9　不同结构参数对 AR 的影响

　　结构周期 p 通过改变谐振点的间隔和个数来影响 AR。将结构沿着 u、v 方向分解后，弧形宽度 w 和弧间距 d 分别影响电感效应和电容效应，导致相应极化相位的变化，从而影响极化转换性能。

　　为了进行比较，我们进一步探讨了不同角度的 V 型结构对线—圆极化转换的影响。我们只改变极化器顶层的结构，保持其他参数和仿真条件不变，得到 V 型结构的角度 $\theta=180°$，$90°$，$70°$ 的 V 型结构前视图，如图 4.10(a)～(c) 所示。表 4.1 列出了优化后的结构参数。特别说明的是，当 $\theta=180°$ 时，顶层为直线型金属结构。

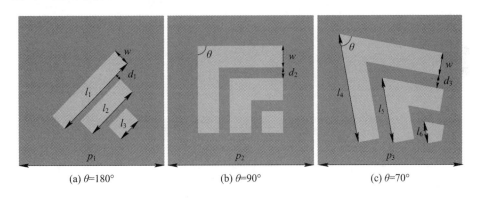

(a) $\theta=180°$　　　　　　(b) $\theta=90°$　　　　　　(c) $\theta=70°$

图 4.10　不同角度的 V 型结构前视图

表 4.1　优化后的结构参数

参　数	l_1	l_2	l_3	l_4	l_5	l_6	w	d_1	p_1	d_2	p_2	d_3	p_3
尺寸/mm	5.15	3.28	1.4	5	3	1	1	0.34	8.2	0.49	7	1	7

图 4.11 显示了 V 型结构的角度 θ 分别为 180°、90° 和 70° 时的仿真结果。从图 4.11(a) 可以看出，当 $\theta=180°$ 时，共极化和交叉极化反射系数在 12～20 GHz 内几乎相等；然而当 $\theta=70°$ 和 $\theta=90°$ 时，共极化反射系数在 17.3 GHz 和 19.1 GHz 处显示出明显的抖动，因此不会产生线—圆极化转换。从图 4.11(b) 中可得到：当 θ 分别为 180°、90°、70° 时，低于 3 dB 的轴比带宽分别为 12.3～19.8 GHz、12～17.7 GHz 和 12～14.9 GHz。因此可以得出结论：随着角度的增加，低于 3 dB 的轴比带宽逐渐增加。图 4.11(c) 表明当 θ 分别为 180°、90°、70° 时，PCR 分别在 13～19.46 GHz、12～17.34 GHz 和 12～15.1 GHz 范围内高于 99%。

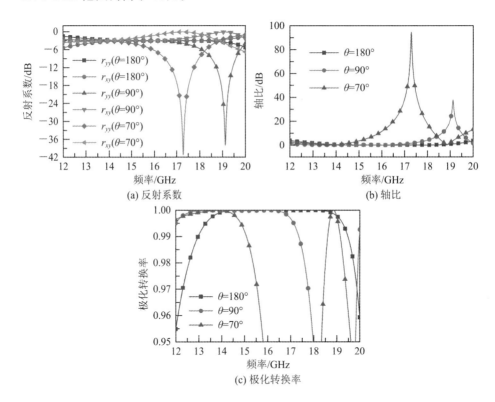

(a) 反射系数

(b) 轴比

(c) 极化转换率

图 4.11 V 型结构的角度 θ 分别为 180°、90° 和 70° 时的仿真结果

表 4.2 给出了不同结构的性能比较。我们可以看到：与其他角度相比，极化转换器在 $\theta=180°$ 时性能最好，但 Wi-Fi 形状的极化转换器的性能优于 $\theta=180°$ 的 V 型结构的极化转换器。本质上，随着 V 型结构角度的减小，结构沿 u、v 方向分解的等效电感和电容效应也相应改变，从而对线—圆极化转换造成影响。

表 4.2　不同结构的性能比较

结　构	反射系数（$r_{xy}\approx r_{yy}$）	AR 低于 3 dB	PCR 高于 99%	相对带宽
$\theta=70°$	13～14.2 GHz	12～14.9 GHz	12～14.9 GHz	21.6%
$\theta=90°$	13～16.3 GHz	12～17.7 GHz	12～17.34 GHz	38.4%
$\theta=180°$	14.7～18.1 GHz	12.3～19.8 GHz	13～19.46 GHz	46.7%
Wi-Fi 形状	14～18.5 GHz	12.1～20 GHz	12.77～19.58 GHz	49.2%

4.1.3　实验验证

为了验证仿真结构的功能，采用传统的 PCB 工艺进行实验样品的加工，其结构参数与仿真模型相同，尺寸为 269.5 mm×269.5 mm，加工样品如图 4.12(a) 所示。实验在图 4.12(b) 所示的测试环境中进行。矢量网络分析仪 R&S ZNB/40 连接到两组频率范围分别为 2～18 GHz 和 18～40 GHz 的线极化喇叭天线。每组中一个作为发射天线，另一个作为接收天线。通过将接收天线旋转到其正交方向来获得交叉极化反射系数。

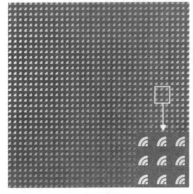

(a) 加工样品　　　　　　　　　　　　(b) 测试环境

图 4.12　加工样品及测试环境

图 4.13 给出了仿真和实验的反射系数和轴比。由图可知，实验结果与仿真结果基本吻合。17～20 GHz 频率范围内的轻微偏差可能是由以下两个方面造成的。首先，由于实验中分别使用了两组喇叭天线，因此引入了偏差。其次，仿真中采用了周期边界条件，即认为所设计的极化器的物理尺寸是无限的。然而，制造的样品尺寸有限，因此边缘衍射也会导致实验结果和仿真结果之间出现偏差。尽管如此，实验结果仍然可以支持仿真结果的正确性。

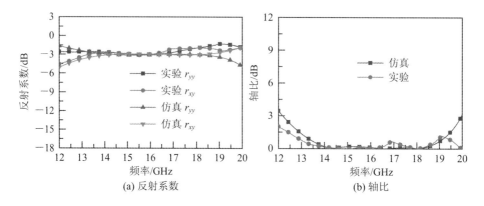

图 4.13　仿真和实验结果对比图

4.2　超薄双频超表面极化转换器

本节我们提出了一个利用同心矩形构造的双频带超表面极化转换器[147]，并证明该器件可以实现两个独立频段的线、圆极化之间的完全转换。实验结果表明，所提出的超表面极化转换器覆盖了整个 X 波段和一半的 C 波段，平均 PCR 大于 86%。通过监测表面电流的分布，揭示了宽带转换效率背后的物理机制。

4.2.1　仿真和实验

图 4.14(a)为超表面单元格拓扑结构示意图。它由两层铜板组成，两者之间隔有 3.0 mm 厚的 FR4 基板，铜的电导率为 $\sigma = 5.8 \times 10^7$ S/m、厚度为 0.035 mm，FR4 的介电常数 $\varepsilon = 4.5 + 0.025$j。顶层的单元结构由内部金属条和外部矩形环组成，该矩形环在 xoy 平面上与 x 轴呈 45°夹角。底部未带图案的金属板作为反射器来消除透射波。矩形环的几何参数设置为 $L = 4.0$ mm，$h = 12$ mm，$w = 0.2$ mm。内金属条的长度和宽度分别为 $a = 2.2$ mm 和 $b = 7.2$ mm，结构周期 $p = 12$ mm。

我们使用电磁仿真软件 CST 仿真超表面的性能，并利用周期边界条件和频域求解器提取反射系数。在实验中，采用 PCB 技术制备了含有 15×15 单元的结构样品，制备样品的局部照片如图 4.14(b)所示。使用矢量网络分析仪安捷伦 8362BE 测量了样品在正常入射条件下的反射系数。两个端口分别连接到两个标准增益喇叭天线上，作为电磁波的发射器和接收器。为了测量圆极化的反射系数，采用四个圆极化天线（两个左旋圆极化天线和两个右旋圆极化天线）来测试共极化和交叉极化。

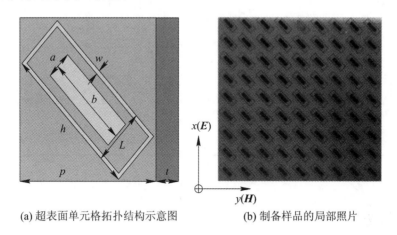

(a) 超表面单元格拓扑结构示意图　　　　(b) 制备样品的局部照片

图 4.14　超表面单元格拓扑结构示意图与制备样品的局部照片

4.2.2　结果与讨论

首先，我们研究了该器件在线极化入射条件下发生的交叉极化转换。图 4.15(a)描述了在 4.2～5.5 GHz 频率范围内的 r_{xx} 和 r_{yx}。图 4.15(b)描述的是在 9.0～15.0 GHz 频率范围内的 r_{xx} 和 r_{yx}。显然，在 4.35～5.05 GHz 和 9.88～13.2 GHz 两个频率范围内的 r_{yx} 均超过 0.8，而 r_{xx} 小于 0.34。实验结果也证实了在这两个频率范围内均具有高效的交叉极化转换（$r_{yx} \geqslant 0.8$）。图 4.15(c)～(d)是极化转换率的结果，在工作频带内极化转换率被定义为 PCR= $r_{yx}^2/(r_{yx}^2 + r_{xx}^2)$。实验结果表明，在 4.35～5.05 GHz 和 9.88～13.2 GHz 范围内，PCR 值均大于 0.86；在 10.03～14.23 GHz 范围内，PCR 值接近 1。图 4.15(e)～(f)显示了利用 $\theta = a\tan(r_{yx}/r_{xx})$ 计算得到的仿真和实验的极化方位角。仿真结果表明，在 4.45～5.20 GHz 范围内，极化方位角 θ 大于 70°（见图 4.15(e)）；在 10.03～14.23 GHz 范围内，极化方位角 θ 大于 80°（见图 4.15(f)）。更有趣的是，在 12.0 GHz 和 13.5 GHz 这两个频率处，θ 接近 90°。这些结果与实验结果保持一致，证实了在两个宽频带中已经实现了从 x 极化波到 y 极化波的高效交叉极化转换。此外，我们还可以得出结论，由于结构对称的特性，在 y 极化波入射条件下会得到相同的反射响应，因此当 y 极化波入射到超表面时，输出正交的反射波。

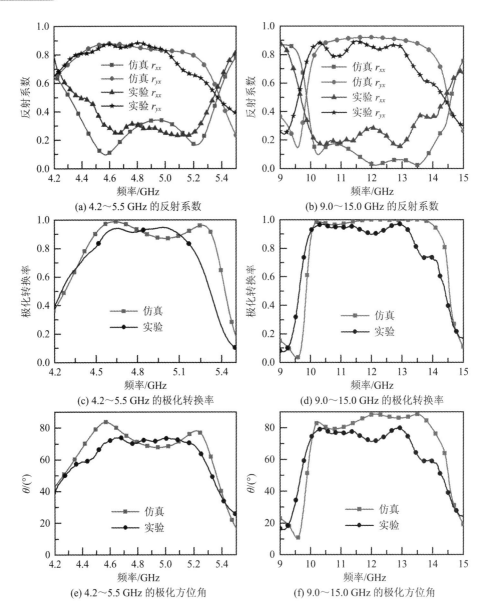

(a) 4.2～5.5 GHz 的反射系数

(b) 9.0～15.0 GHz 的反射系数

(c) 4.2～5.5 GHz 的极化转换率

(d) 9.0～15.0 GHz 的极化转换率

(e) 4.2～5.5 GHz 的极化方位角

(f) 9.0～15.0 GHz 的极化方位角

图 4.15　在 4.2～5.5 GHz 和 9.0～15.0 GHz 范围内的 x 极化波入射下的仿真和实验结果

　　然后，我们研究了圆极化波之间的极化转换。对于圆极化波，当金属板反射时，入射电磁波的旋转方向会改变，即 LCP 变为 RCP，反之亦然。因此，圆极化波的极化转换是使入射波和反射波通过超表面后具有相同的旋转方向。RCP 波的 PCR 可以表达为 PCR$=r^2_{++}/(r^2_{-+}+r^2_{++})$，LCP 波的 PCR 可表达为 PCR$=r^2_{--}/(r^2_{+-}+r^2_{--})$，其中"+"代表 RCP 波，"−"代表 LCP 波。在 4.2～5.5 GHz 和 9.0～14.0 GHz 范围内的右旋圆极化波入射的仿真和实验结果如图 4.16 所示。从图 4.16(a)的仿真结果可以看出，在 4.44～5.25 GHz 范围内，r_{++} 大于 0.8，而该频带的 $r_{-+}<$0.32。另外，图 4.16(b)中共极化转换的带宽明显为 9.67～13.30 GHz，最小反射系数 r_{++} 为 0.80，且 $r_{-+}<$0.23。在 4.2～5.5 GHz 和 9.0～14.0 GHz 频率范围内的极化转换率的仿真和实验结果分别如图 4.16(c) 和图 4.16(d)所示。圆极化波在 4.44～5.25 GHz 频率范围内的仿真 PCR 大于 0.87，如图 4.16(c)所示；在 9.67～13.30 GHz 频率范围内的仿真 PCR 大于 0.95，如图 4.16(d)所示。PCR 结果表明，该超表面可以实现很好的圆极化转换。虽然实验结果与仿真结果吻合良好，但这里我们需要提到的是，在数值结果和测量结果之间仍可以观察到频率和幅度的微小差异，这归因于制造中的一些误差以及材料真实介电常数与仿真中使用的介电常数的微小偏差。

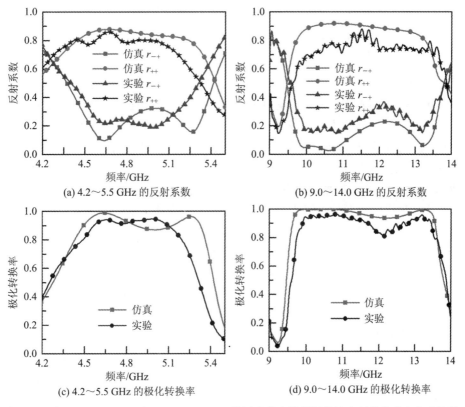

(a) 4.2～5.5 GHz 的反射系数　　　(b) 9.0～14.0 GHz 的反射系数

(c) 4.2～5.5 GHz 的极化转换率　　　(d) 9.0～14.0 GHz 的极化转换率

图 4.16　在 4.2～5.5 GHz 和 9.0～14.0 GHz 范围内的右旋圆极化波入射的仿真和实验结果

由于中间层使用了 FR4 的有损介质，因此需要讨论该超表面的吸收率和阻抗特性。可以使用 $A=1-r_{yx}^2-r_{xx}^2$ 来计算吸收率。图 4.17 显示了在 4.2～5.5 GHz 和 9.0～14.0 GHz 频率范围内的 x 极化波正常入射下的吸收率。可以看出，实验结果与仿真结果基本一致。值得注意的是，实验的吸收率在 11 GHz 左右出现波动（波动范围约为 0.35 GHz），这主要是由实验的交叉极化反射系数在此范围内的偏差导致的（见图 4.15(b)）。

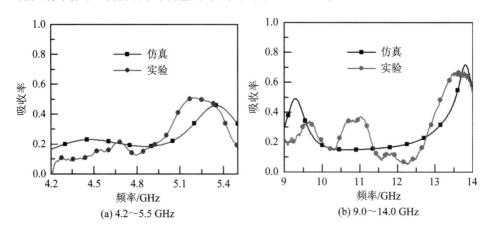

(a) 4.2～5.5 GHz   (b) 9.0～14.0 GHz

图 4.17   在 4.2～5.5 GHz 和 9.0～14.0 GHz 频率范围内的 x 极化波正常入射下的吸收率

由于阻抗的不完全匹配，反射中也存在较小的不需要的反射分量（线极化为 r_{xx} 或 r_{yy}，圆极化为 r_{-+} 或 r_{+-}）[148]。四个共振频率处的表面电流分布如图 4.18 所示。从图 4.18(a)可以看出，电流集中在外环的长侧，而金属层的顶部和底部的电流方向相反，因此 4.6 GHz 处激发了磁偶极子共振。如图 4.18(b) 所示为在 5.2 GHz 处激发的不同共振情况，电流主要分布在外环的短侧和部分长侧。顶层沿短侧的电流方向与底部的电流方向相反，可以认为是磁偶极子共振；顶层沿长侧的电流方向与底部的电流方向相同，可以看作是电偶极子共振。因此，我们可以得出结论，基频共振在 4.6 GHz 处被激发，二阶共振在 5.2 GHz 处被激发[149]。对于较高的极化转换频带，我们发现表面电流都集中在内环和外环结构中，如图 4.18(c)～(d)所示。图 4.18(c)显示了在 9.7 GHz 处顶层和底层的电流分布，如上所述，在内切导线上激发了电偶极子，在外环上激发了磁偶极子。另外，在 12.0 GHz 处，在内切导线和外环上激发了电偶极子，如图 4.18(d)所示。从这四幅图中可以看出，较低频带的极化转换主要归因于外环结构上的基频和二阶共振，而较高频带的极化转换是由内环和外环结构上的基频和多共振激发形成的。

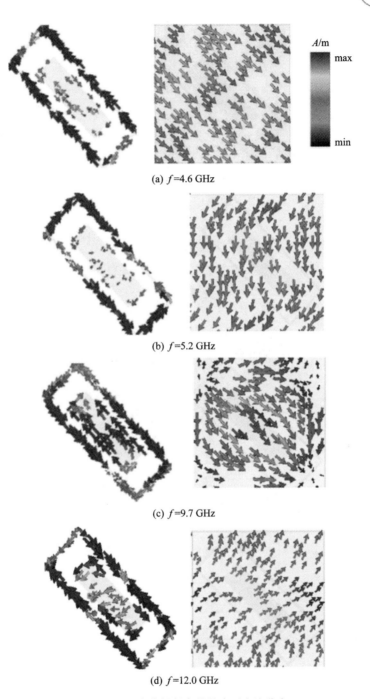

(a) f=4.6 GHz

(b) f=5.2 GHz

(c) f=9.7 GHz

(d) f=12.0 GHz

图 4.18　四个共振频率处的表面电流分布

任何电场都可以认为是两个正交电场分量的组合,反之亦然。为了揭示极化转换的物理原理,我们以 x 极化入射波为例来讨论。入射波的电场 $\boldsymbol{E}_{\mathrm{i}}^{x}$ 可以沿 u 轴和 v 轴分别分解为 $\boldsymbol{E}_{\mathrm{i}}^{u}$ 和 $\boldsymbol{E}_{\mathrm{i}}^{v}$,它们之间的关系可以表示为 $\boldsymbol{E}_{\mathrm{i}}^{x}=E_{\mathrm{i}}^{u}\mathrm{e}^{\mathrm{j}(-kz-\omega t)}\boldsymbol{u}+E_{\mathrm{i}}^{v}\mathrm{e}^{\mathrm{j}(-kz-\omega t)}\boldsymbol{v}$,如图 4.19(a)所示。因此,反射波的电场 $\boldsymbol{E}_{\mathrm{r}}^{y}$ 可以表示为 $\boldsymbol{E}_{\mathrm{r}}^{y}=E_{\mathrm{r}}^{u}\mathrm{e}^{\mathrm{j}(kz-\omega t+\varphi_{uu})}\boldsymbol{u}+E_{\mathrm{r}}^{v}\mathrm{e}^{\mathrm{j}(kz-\omega t+\varphi_{vv})}\boldsymbol{v}$。$E_{\mathrm{r}}^{u}$ 和 E_{r}^{v} 的相位差可以通过 $\varphi_{uv}=\varphi_{uu}-\varphi_{vv}$ 计算出来。当满足 $r_{uu}=r_{vv}$ 和 $\varphi_{uv}=0$ 或 $\varphi_{uv}=\pm\pi$ 时,x 极化波会转换为正交极化波。图 4.19(b)显示了电场在 u 轴和 v 轴上的反射系数和相位。可以看出,u 轴和 v 轴的振幅彼此接近,而在 $4.44\sim5.25$ GHz 和 $9.67\sim13.30$ GHz 频率范围内的相位差约为 $180°$。由此可见,反射波发生了极化转换。

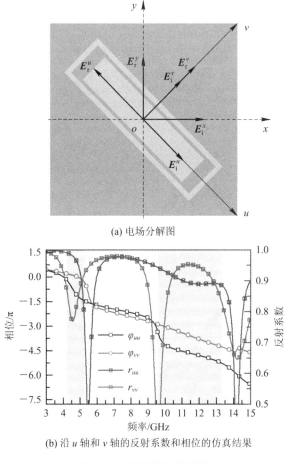

(a) 电场分解图

(b) 沿 u 轴和 v 轴的反射系数和相位的仿真结果

图 4.19 极化转换原理图

正如我们在之前工作中讨论的,入射电磁波可以分解为两个正交分量,反射波也可以分解为两个正交分量[142]。这里,我们在 x 轴和 y 轴上分解圆极化波。图 4.20(a)显示了分解后的电磁波在 x 极化和 y 极化入射下的共极化和交叉极化的反射系数,我们可以看到反射波主要是共极化波,而交叉极化波几乎不存在。另外,r_{yx} 和 r_{xy} 的比值和相位差如图 4.20(b)所示,我们可以看到,在 $4.35 \sim 5.05$ GHz 和 $9.88 \sim 13.2$ GHz 频率范围内,r_{yx} 和 r_{xy} 的比值和相位差分别接近 1 和 0。因此,我们认为所提出的超表面实现了圆极化波的共极化状态。

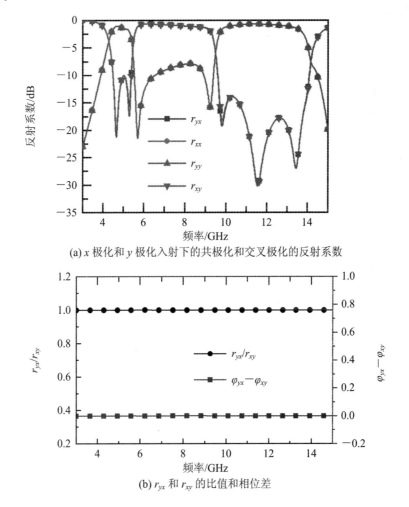

(a) x 极化和 y 极化入射下的共极化和交叉极化的反射系数

(b) r_{yx} 和 r_{xy} 的比值和相位差

图 4.20 x 极化波和 y 极化波入射下的仿真结果

下面的参数分析将揭示设计的双频带超表面如何受几何参数的影响。图 4.21 描述了保持其他参数固定，超表面的极化转换率(PCR)受环状间隙大小影响的仿真结果(当间隙长度 $L_2=0$ mm 时，内环将为一个切割金属线贴片)。如图 4.21(a)所示，当 L_1 从 3.2 mm 增加到 4.0 mm 时，第一频率范围的带宽变窄，PCR 略有增加；但第二频率范围的带宽变宽，PCR 几乎没有变化。内部切割金属线贴片对超表面的影响如图 4.21(b)所示，我们可以清楚地看到，较低的频带不受内部结构的影响。当 $L_2=0$ mm 时，9.55~13.30 GHz 频率范围内的入射光得到了完美的极化转换。然而，当 L_2 从 0.2 mm 增加到 0.8 mm 时，极化转换带宽变得越来越窄，证实了第一个频带的极化转换来自外环，而第二个频带的极化转换除少部分来自外环和内部切割金属线贴片之间的耦合作用外，主要来自内部切割金属线贴片。

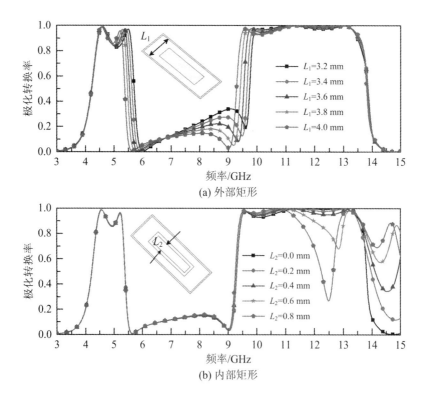

图 4.21 极化转换率受环状间隙大小影响的仿真结果

我们分析了内部切割金属线贴片尺寸大小对极化转换率(PCR)的影响，仿真结果如图 4.22 所示。从图中我们了解到，带宽主要受内部切割金属线贴片长度的影响，PCR 主要受内部切割金属线贴片宽度的影响。已知共振频率与结构的几何形状有关。很明显，随着内部切割金属线贴片长度的增加，几何尺寸逐渐增大，因此极化转换频带加宽到低频范围，如图 4.22(b) 所示。另外，当长度固定、宽度改变时，几何尺寸相对较小，因此带宽受宽度变化的影响较小，但 PCR 受宽度改变的影响比较明显，如图 4.22(a) 所示。

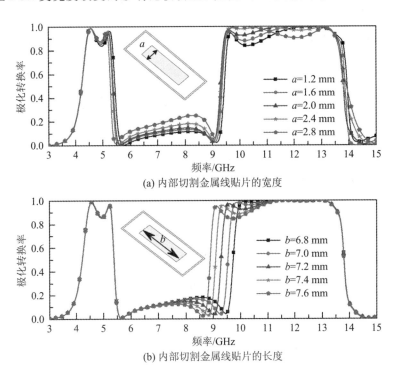

(a) 内部切割金属线贴片的宽度

(b) 内部切割金属线贴片的长度

图 4.22 极化转换率受内部切割金属线贴片尺寸大小影响的仿真结果

第 5 章   非对称传输器

Fedotov 于 2006 年通过超材料实现了非对称传输器件[150]。手性是指不能通过简单的旋转、平移使材料与其镜像结构叠加的一种几何性质。由于手性超材料或超表面具有独特的性质，其特征是可利用电场与磁场之间的交叉耦合，以调整光的极化状态和振幅[117, 151-152]，因此，手性超材料在实现非对称传输（asymmetric transmission，AT）方面表现出极大的潜力。非对称器件在噪声控制与消除[153-154]、电源保护[155]、单边检测/传感[156] 和信号处理[157] 等方面发挥着重要的作用。2010 年，Menzel 等人利用三维手性超材料实现了线极化波的非对称传输[158]，从此，从微波到可见光频段内，大量的手性超材料结构被设计出来以实现 AT 效应[159-162]。

由于单层手性超表面在正向和反向上看起来是相同的，它不能对线极化波产生 AT 响应，因此，研究人员设计了双层或多层级联结构[163-165]，例如两个相互扭曲的 U 型结构[111]、多层各向异性手性超材料[166]、两个垂直分裂立方体谐振器[167]、分裂环谐振器[163, 168-170]。此外，研究人员还设计了条状[171-172] 以及其他形式的结构单元，如 F 型[173]、H 型[174]、L 型[175]、C 型[176]、S 型[177]、Z 型[178] 以及 Ⅱ 型[106]，用来改善 AT 性能。然而，多层结构不适合器件的小型化和集成。此外，其制造过程可能会变得复杂且具有挑战性[176, 179, 180]。因此，实现宽频段、高效和易于集成的 AT 器件是非常有必要的[181-182]。

5.1   基于手性超表面的高效非对称传输器

5.1.1   设计、仿真与实验

通常实现极化转换的非对称传输器应该打破对称性。另外，通过多层金属之间的相互耦合可以提高极化转换率。本节提出的高效非对称传输极化器件的

单元结构及其前视图如图 5.1(a)~(b)[183]所示。它由覆盖在介质层两侧的弧形金属层构成，两个圆形孔穿入基板中，顶部弧形层旋转 90°后可以获得底部的金属层，双弧形金属图案打破了 C_4 和 C_2 对称性。为了提高手性超表面的效率和增强电磁响应，在上下金属层之间引入了空腔结构。由于上下金属层之间的电磁交叉耦合，形成了对称破缺结构，实现了强交叉极化转换。弧形金属层为铜，其厚度为 0.035 mm，电导率为 $5.8×10^7$ S/m；介质层采用 F4B 材料，其相对介电常数和损耗角正切分别为 3.5 和 0.001。最终优化的参数为：$P=9$ mm，$d=3$ mm，$R_1=4.3$ mm，$r_1=2$ mm，$R=3$ mm，$r=1.8$ mm。

仿真中，通过使用电磁仿真软件 CST 获得了电磁波透射系数。x 和 y 方向设置为单元边界条件，z 方向上设置为开放边界。实验中，制作了与仿真中几何形状相同的实验样品(25×25 单元，24 cm×24 cm)，如图 5.1(c)所示。图 5.1(d)展示了微波实验的测试环境，矢量网络分析仪(R&S ZNB/40)连接到一个用于发射线极化波的天线和另一个用于接收线极化波的天线，然后通过旋转天线(垂直于或平行于地面)来发射或接收不同的电磁波。

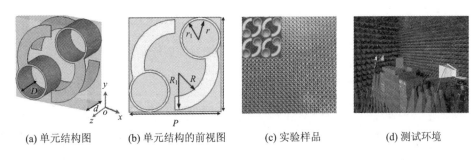

(a) 单元结构图　　　(b) 单元结构的前视图　　　(c) 实验样品　　　(d) 测试环境

图 5.1　高效非对称传输极化器件的单元结构及其前视图、实验样品和测试环境

5.1.2　结果与讨论

图 5.2 和图 5.3 分别显示了电磁波沿 +z 和 -z 方向传播时的透射系数。在 7.5~11.6 GHz 频率范围内，仿真的交叉极化透射系数 t_{xy} 高于 0.8，且相对带宽为 42.93%。图 5.2(a)中，两个谐振点 8 GHz 和 11 GHz 分别对应 0.95 和 0.97 这两个峰值，因此，所设计的极化器件对于将 y 极化波转换为 x 极化波起着重要作用。图 5.2(b)中，当 x 极化波沿 +z 方向传播时，仿真的共极化透射系数 t_{xx} 表现出与 y 极化波相同的透射特性，在 7.5~11.6 GHz 频率范围内，t_{yx} 低于 0.2，这意味着所设计的极化器件将 x 极化波反射，与 y 极化波入射时完全相反。图 5.3(a)~(b)中，电磁波的传播方向改为 -z 方向，在 7.5~11.6 GHz 频率范围内，x 极化入射波进行了明显的交叉极化转换，但 y 极化

波受到了阻拦。因此，我们认为所设计的极化器件在 7.5～11.6 GHz 频率范围内实现了非对称传输。在微波暗室进行了实验测试，其结果与仿真结果基本一致，仅有一些轻微的频移，这主要是由材料的加工精度与仿真的偏差造成的。此外，实验环境引起的偏差也不容忽视，我们在仿真中采用周期性边界条件来模拟无限大的物理尺寸，但实际制作的实验样品是一个有限大的平面，这会导致边缘衍射。

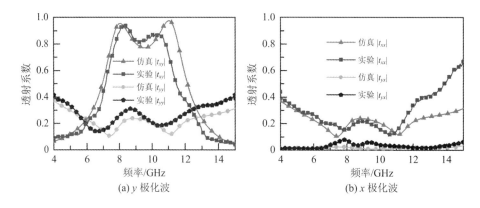

(a) y 极化波　　　　　　　　　　(b) x 极化波

图 5.2　沿 $+z$ 方向传播的电磁波的透射系数

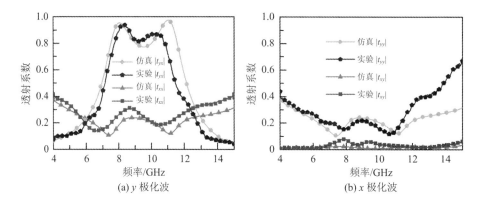

(a) y 极化波　　　　　　　　　　(b) x 极化波

图 5.3　沿 $-z$ 方向传播的电磁波的透射系数

图 5.4 中展示了电磁波沿 $+z$ 和 $-z$ 方向传播时的极化转换率（PCR）。由图 5.4(a) 可知，沿 $+z$ 方向入射时 y 极化波的 PCR 在 6.8～11.9 GHz 频率范围内远远高于 0.91，相对带宽为 53.6%。然而，x 极化波的 PCR 低于 0.05。实验测试结果同样验证了非对称传输的实现。因此，我们可以得出这样的结论：y 极化入射波转换为 x 极化波传播，而 x 极化波仍保持 x 极化波传播。电磁波沿 $-z$ 方向传播时的极化转换率如图 5.4(b) 所示。从这些结果可以进一

步确定，所设计的极化器件实现了非对称传输效应。

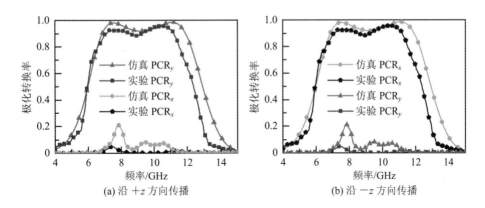

(a) 沿 +z 方向传播　　　　　　　　　(b) 沿 −z 方向传播

图 5.4　电磁波沿 +z 和 −z 方向传播时的极化转换率

我们在图 5.5 中计算并绘制了电磁波沿 +z 和 −z 方向传播时的非对称传输参数 Δ。从图 5.5(a) 中可以看出，Δ^x 和 Δ^y 的结果明显是相反的。特别地，仿真的 Δ^y 在 8 GHz 和 11 GHz 处分别为 0.92 和 0.95，Δ^x 在 8 GHz 和 11 GHz 处分别是 −0.92 和 −0.95。图 5.5(b) 显示了电磁波沿 −z 方向传播时的非对称传输参数 Δ。与图 5.5(a) 的结果对比，图 5.5(b) 中电磁波的传播特性与 +z 方向相反。由此可以确定线极化波入射的极化器件可以实现非对称传输效应。

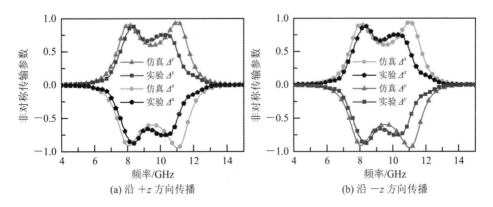

(a) 沿 +z 方向传播　　　　　　　　　(b) 沿 −z 方向传播

图 5.5　电磁波沿 +z 和 −z 方向传播时的非对称传输参数

我们以 y 极化入射波为例，将其他所有的参数固定，只更改一个结构参数，仿真了不同参数所对应的极化转换率 (PCR)，用来评估几何结构对所设计结构的极化转换特性的影响。图 5.6(a) 显示了改变周期 P 时的 PCR 仿真结果，值得注意的是，当 P 从 8.5 mm 增加到 10 mm 时，PCR 发生了明显的变化。当 P 等于 9 mm 时，PCR 在 6.8～12.1 GHz 频率范围内达到 0.9；然后 P

继续增加到 10 mm，PCR 开始减少。此外，当 P 增加到 9 mm 时，低频区有明显的红移现象；当 P 从 9 mm 增加到 10 mm 时，低频区有蓝移。这很容易理解，单元结构周期的增加会导致共振频率向低频方向移动。然而，当 P 继续增加时，由于结构中腔体引起的磁共振效应，共振频率不再降低，这为参数优化提供了一个很好的指导。图 5.6(b) 描绘了改变介质板厚度 d 时的 PCR 仿真结果，它显示了极化转换带宽随介质板厚度的增加而发生有规律的红移现象，且在红移过程中 PCR 基本保持不变，带宽逐渐变窄。这与通常所设计的无孔超表面有很大的不同，对于无孔的超表面，当介质板厚度变化时，PCR 会变得很差，同时这也正是我们所设计的极化器件中孔的作用。

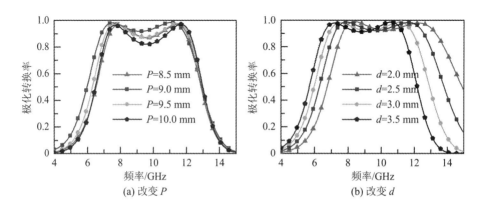

(a) 改变 P (b) 改变 d

图 5.6 改变不同结构参数时的极化转换率仿真结果

我们还研究了半径对极化转换率(PCR)的影响，如图 5.7 所示。图 5.7(a)～(b)显示了弧形结构的半径 R 和 R_1 对 PCR 的影响。可以看出，随着 R 和 R_1 的增加，PCR 会发生红移，但整体变化不大。此外，我们以 0.2 mm 的步长仿真了从 3.9 mm 到 4.5 mm 的不同的 R_1 对 PCR 的影响，可以看出随着 R_1 的增加，PCR 保持稳定，但发生了一定的红移现象。当 R_1 超过 4.3 mm 时，PCR 发生蓝移。图 5.7(c)～(d)显示了孔的外径 r 和内径 r_1 对 PCR 的影响。可以看出，外径 r 对 PCR 几乎没有影响；然而，内径 r_1 除了影响低频时的带宽，还明显影响了 PCR。

考虑器件的实际应用，为了观察角稳定性，我们以 10° 为步长仿真了从 0° 到 50° 的斜射入角。图 5.8(a) 显示了电磁波沿 +z 方向传播时，极化器件的电磁斜入射特性。当斜入射角高达 50° 时，从图中可以看出 PCR 在 6.4～12.2 GHz 频率范围内仍然高于 0.8。电磁波沿 −z 方向传播时，极化器件的电磁斜入射特性如图 5.8(b)所示，斜入射角亦可高达 50°。结果表明，优化的结构和几何形状导致了高效且与入射角独立的线性极化转换。

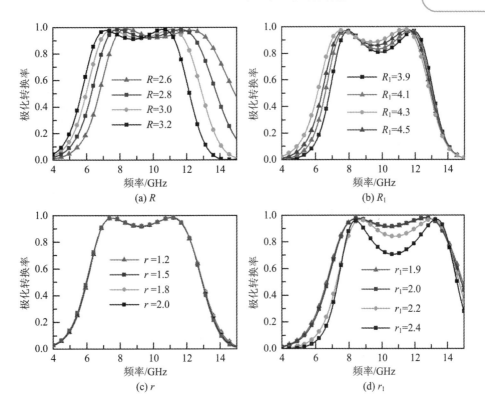

图 5.7　半径对极化转换率的影响

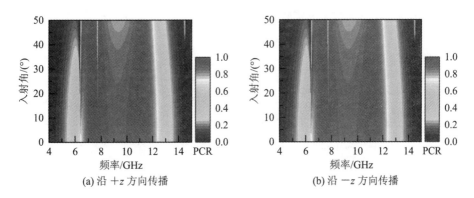

图 5.8　电磁波沿 +z 和 -z 方向传播时极化器件的电磁斜入射特性

　　为了揭示极化器件的物理机理,我们以沿 +z 方向传播的 x 极化波为例描述了其在 8 GHz 和 11 GHz 处的表面电流分布,如图 5.9 所示。可以看出,弧形结构和孔上都存在非常强的表面电流。挖孔的主要目的就是通过孔壁来增强上下层的电流，引导电流均匀、规则地分布。结果表明，极化转换是由弧形结构上电流激发的磁共振形成的。上文中提到，挖孔的目的是引导电流以增强共振，而不是极化转换。图 5.9(a)显示了 8 GHz 处的表面电流分布，从中可以看出，顶部弧形结构的电流流向了右上角，而下层电流流向了左下角，并且与顶部电流方向相反，这两个电流在 8 GHz 处激发了磁偶极子。值得注意的是，弧形结构的电流方向可以沿 xoy 平面分解。我们可以将左弧结构形成的磁偶极子分解为沿 x 轴的 $\boldsymbol{m}_1$ 和沿 y 轴的 $\boldsymbol{m}_3$，将右弧结构形成的磁偶极子分解为沿 x 轴的 $\boldsymbol{m}_2$ 和沿 y 轴的 $\boldsymbol{m}_4$，$\boldsymbol{m}_1$、$\boldsymbol{m}_3$、$\boldsymbol{m}_2$ 和 $\boldsymbol{m}_4$ 产生的磁场分别是 $\boldsymbol{H}_1$、$\boldsymbol{H}_3$、$\boldsymbol{H}_2$ 和 $\boldsymbol{H}_4$。$\boldsymbol{H}_1$ 和 $\boldsymbol{H}_2$ 在 x 轴上与入射波的电场方向相同，并与磁场保持正交，正是这两个激发的磁场引起了极化转换。然而，$\boldsymbol{H}_3$ 和 $\boldsymbol{H}_4$ 的方向与入射波的磁场方向相同，这两个分量不会引起极化转换。图 5.9(b)显示了 11 GHz 处的表面电流分布，从中也可以得出结论，$\boldsymbol{H}_1$ 和 $\boldsymbol{H}_2$ 诱导极化转换，而 $\boldsymbol{H}_3$ 和 $\boldsymbol{H}_4$ 没有起到作用。

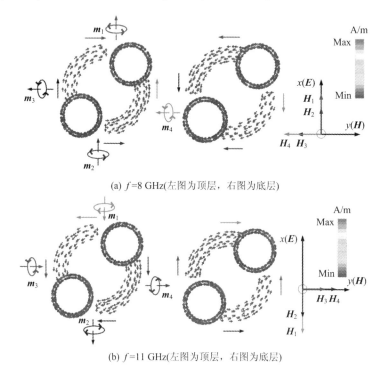

(a) f=8 GHz(左图为顶层，右图为底层)

(b) f=11 GHz(左图为顶层，右图为底层)

图 5.9　沿 $+z$ 方向传播的 x 极化波在 8 GHz 和 11 GHz 处的表面电流分布

为了更直观地揭示非对称传输特性，图 5.10 显示了所设计的极化器件在 8 GHz 和 11 GHz 处的电场分布。从图 5.10(a)中可以直观地观察到，y 极化波沿 $+z$ 方向传播旋转 90°相位转换成 x 极化波，这一现象代表了极化波的产生。然而，图 5.10(b)中，x 极化波大部分被转换为共极化波且透射的电场能量很弱，这意味着 x 极化入射波被阻拦而不是透射。在 11 GHz 处，当电磁波的传播方向改变为 $-z$ 方向时，电磁波的传播特性正好与 $+z$ 方向相反。从图 5.10(c)中可以看出，大部分的 y 极化透射波仍保持 y 极化波的形式。同样，x 极化入射波转换为 y 极化波，如图 5.10(d)所示。这表示所设计的极化器件实现了非对称传输。

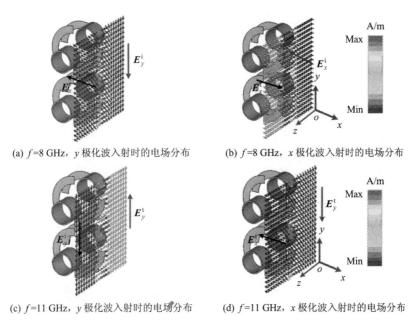

(a) f=8 GHz，y 极化波入射时的电场分布

(b) f=8 GHz，x 极化波入射时的电场分布

(c) f=11 GHz，y 极化波入射时的电场分布

(d) f=11 GHz，x 极化波入射时的电场分布

图 5.10　所设计的极化器件在 8 GHz 和 11GHz 处的电场分布

5.2　基于光栅结构的高效非对称传输器

5.2.1　设计、仿真与实验

本节提出了一个基于光栅结构的高效非对称传输超宽带线极化器。图 5.11(a)～(b)分别是所设计极化器的透视图和开口环形谐振器（SRR）的前视图。极化器的底部和顶部是相互垂直的光栅，中间层是与 x 轴呈 45°角的 SRR。光栅和 SRR 均由铜制成，其电导率 σ=5.8×10^7 S/m，厚度为 0.035 mm。基板由 FR4 构成，其相对介电常数和损耗角正切分别为 4.3 和 0.025。图 5.11

（a）～（b）所示结构的几何形状为 $a=0.50$ mm，$b=1.00$ mm，$w_1=6.00$ mm，$w_2=1.75$ mm，$w_3=0.70$ mm，$w_4=4.00$ mm。优化后，模型中的其他相关参数为：$p=10.0$ mm，$g_1=2.5$ mm，$g_2=4.6$ mm，$t=2.0$ mm。

我们使用电磁仿真软件 CST 对设计的极化器进行仿真，x 和 y 方向的边界条件设置为周期边界，z 方向的边界条件设置为开放边界，入射的电磁波的模式设置为 x 极化波或 y 极化波。图 5.11(c) 所示为实验样品（30×30 单元，10 mm×10 mm），样品单元的几何模型与仿真单元的几何模型相同。图 5.11(d) 为微波实验室测试环境，连接到矢量网络分析仪（R&S ZNB/40）的两个喇叭天线分别具有发射和接收线极化波的功能。通过旋转天线的方向（平行或垂直于地面），可以发射或接收不同的极化波。

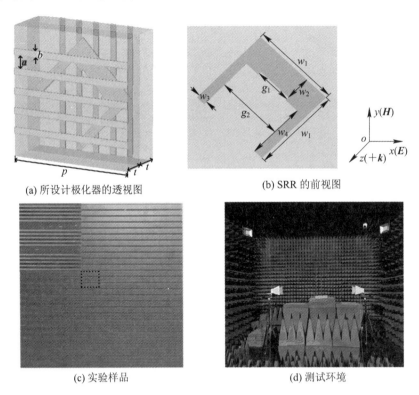

(a) 所设计极化器的透视图　　　　(b) SRR 的前视图

(c) 实验样品　　　　　　　　　(d) 测试环境

图 5.11　基于光栅结构的高效非对称传输超宽带线极化器的
透视图、SRR 的前视图、实验样品和测试环境

5.2.2　结果与讨论

图 5.12(a) 显示了当 x 极化波沿 +z 方向入射时，所设计极化器的仿真和

实验的透射系数。在 4.8～13.7 GHz 的频率范围内，t_{yx} 的仿真结果大于 0.7，而 t_{xx} 的仿真结果低于 0.2。其中 t_{yx} 透射系数上有三个谐振点，分别为 5.0 GHz、6.7 GHz 和 9.2 GHz，峰值分别为 0.80、0.88 和 0.89。因此，当 TE 波沿 $+z$ 方向入射到极化器上时，除基板的必要损耗之外，几乎所有的 TE 波都被转换成 TM 波。从图 5.12(b)可以看出，当 y 极化波沿 $+z$ 方向入射时，仿真的 t_{yy} 几乎等于 x 极化波沿 $+z$ 方向入射时的 t_{xx}，并且 t_{xy} 约等于 0。这一结果表明 TE 波允许通过所设计的极化器，而 TM 波则不能。当电磁波沿 $-z$ 方向入射时，所得结果如图 5.12(c)～(d)所示。与图 5.12(a)～(b)正好相反，在 4.8～13.7 GHz 的频率范围内，TM 波可以通过极化器，而 TE 波几乎不能通过。因此，我们可以得出结论，所设计的极化器在 4.8～13.7 GHz 范围内具有非对称传输特性。实验结果与仿真结果吻合较好，但存在轻微的频率偏差。导致出现偏差的原因有很多，主要是加工精度和材料参数的差异。另外，由于仿真的边界是无限的，而实验样品是有限平面，因此发射的电磁波必然会发生电磁边缘衍射，这也是产生频率偏差的重要原因。

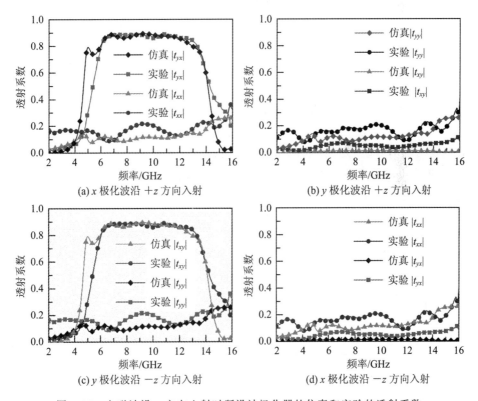

图 5.12 电磁波沿 z 方向入射时所设计极化器的仿真和实验的透射系数

图 5.13 示出了电磁波沿 +z 和 -z 方向传播时的极化转换率。在图 5.13(a)中，仿真的 PCR_x 在 4.6~14 GHz 频率范围内高于 0.90，而 PCR_y 接近 0。这说明 x 极化波沿 +z 方向通过极化器时转换成 y 极化波，但 y 极化波不能通过。与图 5.13(a)相反，当 y 极化波沿 -z 方向通过极化器时，在 4.8~13.7 GHz 频率范围内，仿真的 PCR_y 高于 0.95，但是 PCR_x 接近于 0。这表明在 -z 方向上，极化器可以通过 y 极化波，但不能通过 x 极化波。这些结果再次证明了该极化器实现了非对称传输功能。

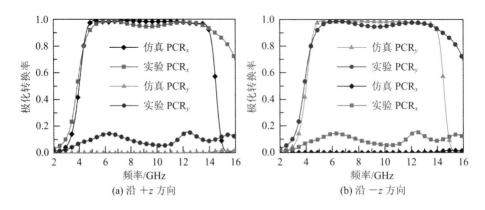

图 5.13　电磁波沿 +z 和 -z 方向传播时的极化转换率

图 5.14 示出了电磁波沿 +z 和 -z 方向传播时的非对称传输参数。从图 5.14(a)中可以看出，Δ^x 和 Δ^y 的绝对值相等。在 6.0~12.9 GHz 频率范围内，其绝对值约为 0.8。图 5.14(b)是沿 -z 方向传播的电磁波的非对称传输参数 Δ。很明显，当入射波的方向相反时（入射波分别沿 +z 方向和 -z 方向），非对称传输参数 Δ^x 和 Δ^y 正好相反。

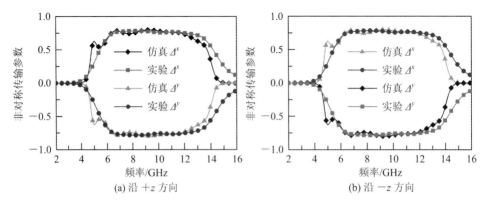

图 5.14　电磁波沿 +z 和 -z 方向传播时的非对称传输参数

为了解释极化器的几何尺寸对 AT 的影响,以 x 极化波沿$+z$ 方向入射为例,只改变一个参数,来观察极化转换率(PCR)的变化。图 5.15(a)示出了周期 p 的变化对 PCR 的影响。当 p 从 9.0 mm 增加到 10.0 mm 时,PCR 显示出轻微的红移;当 p 继续增大时,在 5.5~7.5 GHz 范围内,PCR 突然减小。在图 5.15(b)中,当基板的厚度 t 从 1 mm 增加到 3 mm 时,PCR 逐渐稳定,并且在低频带中出现规则的红移。当 t 处于 1.5~3 mm 时,PCR 保持在 95% 以上。间隙宽度 g_1 和 g_2 也是两个重要的参数。g_1 和 g_2 的变化对 PCR 的影响如图 5.15(c)~(d)所示。我们可以看到,当 g_1 和 g_2 增大时,PCR 保持在0.95 以上,变化不明显。

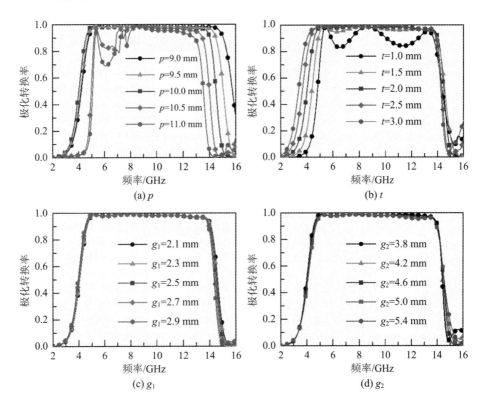

图 5.15　不同参数的变化对极化转换率的影响

为了更好地理解多层结构的 AT 机制,我们讨论法布里-珀罗腔等多层结构中的多次反射。如图 5.16 所示,当 x 极化波和 y 极化波从顶层(T 层)入射时,y 极化波由于光栅的选择性透射而不能穿过超表面,直接反射回来;x 极化波穿过 T 层后到达中间层(M 层),并且在 SRR 的作用下分成了四个部分(r_{xx},r_{yx},t_{xx},t_{yx})。如标记区域 1 所示，反射的 r_{xx} 对应的 x 极化波将再次穿过顶层并消失在空间中，这部分能量非常小。反射的 r_{yx} 对应的 y 极化波被 T 层反射，再次到达 M 层，然后与 SRR 相互作用，并被细分为四个部分，如标记区域 2 所示。另一方面，由于光栅的选择性透射，标记区域 2 中的 t_{yy} 对应的 y 极化波透射过 M 层，并直接穿过 B 层，这有利于 x 极化波向 y 极化波的转换。标记区域 1 中的 t_{xx} 对应的 x 极化波经 B 层反射后返回 M 层，在 SRR 的作用下也分成四部分，如标记区域 3 所示。入射的 x 极化波经过 SRR 的多次反射和极化转换，最终变成 y 极化波，穿过 B 层，因此入射的 x 极化波在谐振腔中不断反射后，最终转换成 y 极化波，穿过超表面，大大增强了电磁波的 PCR。

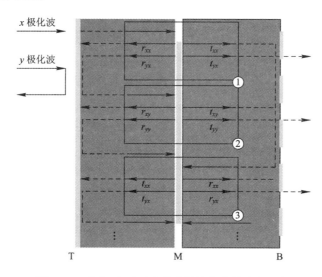

图 5.16　法布里-珀罗腔等多层结构中的多次反射

　　为了揭示非对称传输的物理本质，我们研究了 x 极化波沿 $+z$ 方向传播时，其在 5.0 GHz、6.7 GHz 和 9.2 GHz 处各层的表面电流分布。如图 5.17 (a)所示，顶层光栅中的电流和中间金属层中的电流方向相反（中间金属层中的电流经过正交分解后，方向相反的电流会相互抵消），可以看作顶层和中间层之间构成闭合电流回路，从而产生磁偶极子 $\boldsymbol{m}_1$。同时，中间金属层和底层光栅之间的反向电流可以视为闭合的电流回路，从而产生磁偶极子 $\boldsymbol{m}_2$。$\boldsymbol{m}_1$ 产生的感应磁场 $\boldsymbol{H}_1$ 平行于原生磁场，与原生电场 $\boldsymbol{E}$ 没有交叉耦合，因此对 x 极化波的极化转换没有贡献。$\boldsymbol{m}_2$ 产生的感应磁场 $\boldsymbol{H}_2$ 垂直于原生磁场，并与原生电场 $\boldsymbol{E}$ 存在交叉耦合，导致入射电磁波的极化转换。图 5.17(b)为在 6.7 GHz 处，顶层、中间层与底层的表面电流分布，顶层和中间层的电流方向相反，可视为闭合的电流回路，形成磁偶极子 $\boldsymbol{m}_1$。中间金属层中方向相反的电流相互抵消，中间金属层和底层光栅中方向相反的表面电流形成磁偶极子 m_2。由磁偶极子 m_1 产生的磁场 H_1 平行于原生磁场，不与原生电场耦合，对入射波的极化转换没有贡献。而 m_2 产生的磁场 H_2 与原生磁场垂直，并与原生电场交叉耦合，这就是入射波发生极化转换的原因。图 5.17(c) 示出了在 9.2 GHz 处顶层、中间层与底层的表面电流分布。顶层和中间层之间的反向电流形成磁偶极子 m_1，m_1 产生的磁场 H_1 平行于原生磁场，对电磁波的极化转换没有贡献。中间层中方向相反的电流相互抵消，剩余电流会产生一个与底层方向相同的电偶极子，电偶极子产生的感应电场与原生电场垂直，所以感应电场与原生磁场会交叉耦合，导致入射电磁波的极化变换。综上所述，电和磁的交叉耦合会导致入射波的极化转换。多个谐振点的叠加拓宽了工作带宽。

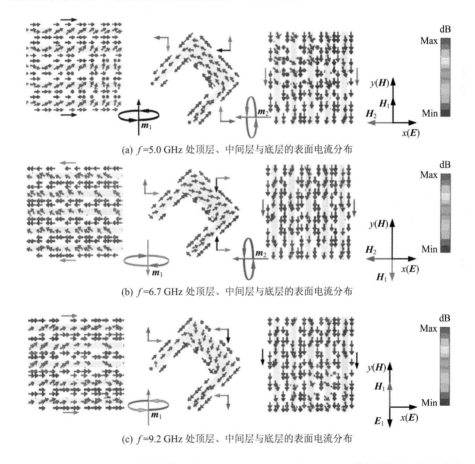

(a) f=5.0 GHz 处顶层、中间层与底层的表面电流分布

(b) f=6.7 GHz 处顶层、中间层与底层的表面电流分布

(c) f=9.2 GHz 处顶层、中间层与底层的表面电流分布

图 5.17　x 极化波沿 $+z$ 方向传播时在 5.0 GHz、6.7 GHz 和 9.2 GHz 处各层的表面电流分布

　　为了更直观地解释极化器的 AT 特性，我们监测了电磁波在 5 GHz 处通过极化器后的电场分布。在图 5.18(a) 中，当 x 极化波沿 $+z$ 方向入射时，其透射波的电场旋转 $90°$，电场强度几乎不变，这表明 x 极化波在通过极化器后完全转换成 y 极化波。在图 5.18(b) 中，当 y 极化波入射时，透射波的电场方向不变，并且电场强度大大降低。这表明 y 极化波被反射，只有少量的 y 极化波通过极化器，没有发生极化转换。

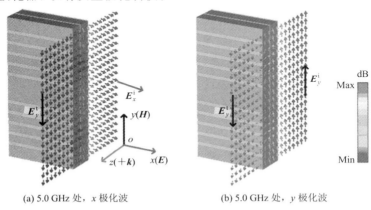

(a) 5.0 GHz 处，x 极化波　　　　　　　(b) 5.0 GHz 处，y 极化波

图 5.18　x 极化波和 y 极化波沿 $+z$ 方向入射时在 5 GHz 处的电场分布

　　如图 5.19 所示，我们还监测了 6.7 GHz 和 9.2 GHz 处的电场分布。当 x 极化波入射时，透射电场与入射电场垂直，电场强度相等。然而，当 y 极化波入射时，透射电场平行于入射电场，并且透射电场的强度远小于入射电场。综上所述，当 x 极化波沿 $+z$ 方向入射到极化器上时，发生交叉极化，PCR_x 高，当 y 极化波沿相同方向进入极化器时，其共偏振透射效应显著降低，表现出较低的透射率。如果沿 $-z$ 方向入射，y 极化波将发生交叉极化，具有高 PCR_y，x 极化波的共偏振透射率较低。上述结果表明，所设计的极化器实现了非对称传输。

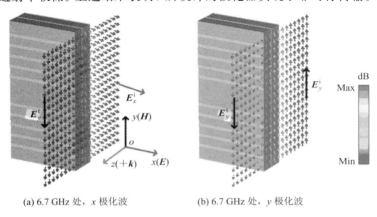

(a) 6.7 GHz 处，x 极化波　　　　　　　(b) 6.7 GHz 处，y 极化波

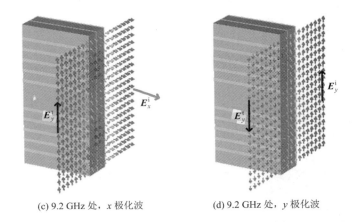

(c) 9.2 GHz 处，x 极化波　　　　(d) 9.2 GHz 处，y 极化波

图 5.19　x 极化波和 y 极化波沿 $+z$ 方向入射时在 6.7 GHz 和 9.2 GHz 处的电场分布

5.3　基于双各向异性超材料的超宽带非对称传输器

5.3.1　设计、仿真与实验

　　本节提出了一个基于双各向异性超材料的超宽带非对称传输器[184]。该器件由三层金属层和两层介质层组成。其单元结构包含三个沿 z 轴对齐的分裂矩形环(SRR)，在 xoy 平面上位移为零，从顶层到底层排列，间隙位于不同位置。图 5.20(a)~(c)显示了实验中使用样品顶层、中间层的局部图片和单元结构示意图。金属层使用厚度为 0.035 mm 的铜层仿真，其电导率为 $5.8 \times 10^7 \text{S/m}$。介质基板采用 FR4，其相对介电常数为 4.3，损耗角正切为 0.02。图 5.20(d)~(f)显示了单元结构顶层、中间层和底部金属层的前视图。对于顶层和底层，优化的几何参数如下：$w=1$ mm，$l=7$ mm，$g_1=1$ mm，$a=10$ mm，$t=2$ mm。对于中间层，除结构的间隙为 $g_2=1.8$ mm 以外，其余几何参数与顶层和底层使用的相同。

　　我们首先使用电磁仿真软件 CST 进行数值模拟分析。仿真中，得到了具有周期性边界条件的单个单元的透射系数 t_{21}；电磁波沿 z 方向传播(线极化波垂直于样品表面入射)，电场极化沿 x 轴，磁场极化沿 y 轴。在实验中，采用与仿真结构相同的结构参数，通过 PCB 工艺将三层双各向异性超材料制作成 18×18 单元样品(180 mm×180 mm)，制造的三层双各向异性超材料的部分图片如图 5.20(a)~(b)所示。安捷伦 E8362B 矢量网络分析仪连接到两个标准增益宽带线极化喇叭天线，该天线产生 3~15 GHz 范围内的微波，用于测量电

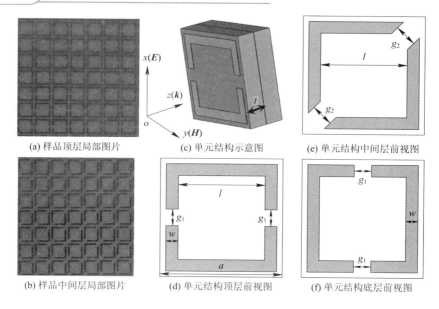

(a) 样品顶层局部图片　　(c) 单元结构示意图　　(e) 单元结构中间层前视图

(b) 样品中间层局部图片　(d) 单元结构顶层前视图　(f) 单元结构底层前视图

图 5.20　基于双各向异性超材料的超宽带非对称传输器的
样品局部图片、单元结构示意图及其各层前视图

磁暗室中的三层双各向异性超材料。将样品放置于两个天线的中间，保持天线
与样品之间的距离与仿真结果大致相等。通过改变两个喇叭天线的方向，可以
获得不同极化下的电磁波透射的所有分量。

　　为了更好地理解本节中所提出的三层双各向异性超材料结构的极化转换，
我们定义 $t_{xx}=E_x^t/E_x^i$ 和 $t_{yx}=E_y^t/E_x^i$ 分别表示 x—x 和 x—y 极化转换的透射
系数。其中，上标 i 和 t 分别表示入射和透射，下标 x 和 y 表示电磁波的极化
方式。同理，我们定义 $t_{yy}=E_y^t/E_y^i$ 和 $t_{xy}=E_x^t/E_y^i$ 分别表示 y—y 和 y—x 极
化转换的透射系数。我们使用极化转换率(PCR)来描述线性电磁波的与频率相
关的极化转换性能。x 极化和 y 极化入射波的 PCR 可以定义为

$$\text{PCR}_x=\frac{|t_{yx}|^2}{|t_{yx}|^2+|t_{xx}|^2} \tag{5-1}$$

$$\text{PCR}_y=\frac{|t_{xy}|^2}{|t_{xy}|^2+|t_{yy}|^2} \tag{5-2}$$

　　线极化波的非对称传输通常使用 Δ 来表征，意味着在两个方向上($+z$ 和
$-z$ 方向)的透射差异。线极化波的非对称传输参数可以表示为

$$\Delta^x=|t_{yx}^f|^2-|t_{yx}^b|^2=|t_{yx}^f|^2-|t_{xy}^f|^2 \tag{5-3}$$

$$\Delta^y=|t_{xy}^f|^2-|t_{xy}^b|^2=|t_{xy}^f|^2-|t_{yx}^f|^2 \tag{5-4}$$

式中，上标 f 和 b 分别表示电磁波沿 $+z$ 方向(正向)和 $-z$ 方向(后向)。可以

看出，Δ^y 是 Δ^x 的负值（$\Delta^x = -\Delta^y$）。

如果我们需要实现非对称传输，则应该满足以下条件

$$|t_{xy}| \neq |t_{yx}| \qquad\qquad (5-5)$$

$$|t_{xx}| = |t_{yy}| \qquad\qquad (5-6)$$

5.3.2　结果与讨论

图 5.21 显示了沿 $+z$ 方向传播的电磁波的透射系数。在图 5.21(a)中，对于 x 极化波，交叉极化透射系数 $|t_{yx}|$ 大于 0.6，然而在仿真的 5.5～11 GHz（实验的 5.8～11.6 GHz）频率范围内，共极化透射系数 t_{xx} 几乎小于 0.2。另一方面，$|t_{yy}|$ 和 $|t_{xx}|$ 相等，$|t_{xy}|$ 在 5.8～11.8 GHz 频率范围内都保持低于 0.1 的较小值，如图 5.21(b)所示。

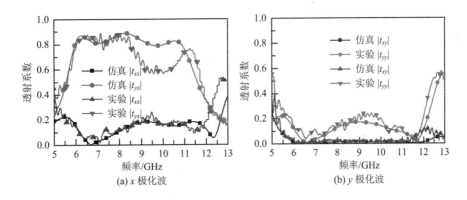

图 5.21　沿 $+z$ 方向传播的电磁波的透射系数

图 5.22 给出了 x 极化波沿 $+z$ 方向入射时的极化转换率，其中仿真的极化转换率接近 90%，覆盖中心波长 68% 的 FWHM 带宽。这是因为，当宽带 x 极化波沿 $+z$ 方向垂直入射到三层双各向异性超材料时，由于金属层之间的交叉耦合，电磁波与结构耦合并几乎完美地转换为 y 极化波，而 y 极化波很难沿 $+z$ 方向与结构耦合。由于双各向异性结构的特性，y 极化波可以转换为 x 极化波，而 x 极化波很难与结构耦合，导致沿相反方向的弱传输。将仿真结果与实验结果进行比较，发现它们之间存在轻微的频率偏差，这可能是由于制造公差以及实际介电常数与仿真中使用的介电常数存在差异。此外，实验条件也可能导致差异。在使用 CST 微波工作室仿真时，设置了周期边界条件，这意味着所提出超材料的物理尺寸是无限的。然而，实验中所制备样品的尺寸是有限的，会发生边缘衍射。边缘衍射会导致仿真结果和实验结果之间产生差异。不过，尽管存在这些差异，但实验结果与仿真结果较为一致，即在较宽的频率范

围内可以获得较高的线性极化转换。

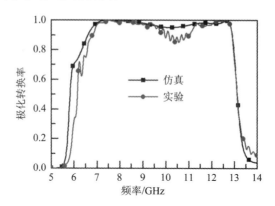

图 5.22 x 极化波沿 $+z$ 方向入射时的极化转换率

图 5.23 给出了沿正向传播的 x 极化波和 y 极化波的非对称传输参数 Δ 的仿真和实验结果。由式(5-3)和式(5-4)可以看出，Δ^y 是 Δ^x 的负值。因此，非对称传输参数可以通过正向传播的 x 极化波和 y 极化波的交叉极化透射系数来计算。可以证明，Δ^y 和 Δ^x 的两条曲线是完全相反的。在 5.7～10.8 GHz 的宽带频率范围内，Δ^x 大于 0.6(仿真)。此外，在 6.1 GHz、7.9 GHz 和 10.4 GHz 频率处，Δ^x 的振幅达到的最大值分别约为 0.65、0.79 和 0.76。由此可以得出 x 极化波允许沿正向传播的结论。相反，Δ^y 小于 -0.6(仿真)，这意味着 y 极化波是不允许沿正向传播的。实验的非对称传输参数与仿真结果吻合较好，微小的幅值差异可能是由仿真的介电常数虚部与实际材料参数之间的不匹配造成的。

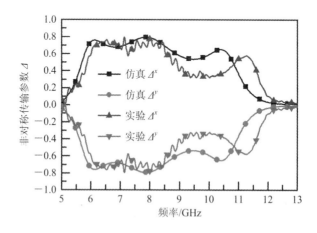

图 5.23 沿正向传播的 x 极化波和 y 极化波的非对称传输参数的仿真和实验结果

为了证明极化转换的光学特性，通过以下公式计算了沿正向（＋z 方向）传播的 x 极化入射波的极化方位旋转角 θ 和椭圆度 η：

$$\theta = \frac{1}{2}\arctan\left(\frac{2R\cos\varphi}{1-R^2}\right) \tag{5-7}$$

$$\eta = \frac{1}{2}\arcsin\left(\frac{2R\sin\varphi}{1+R^2}\right) \tag{5-8}$$

其中 $R = |t_{yx}|/|t_{xx}|$，$\varphi = \arg(t_{yx}) - \arg(t_{xx})$。极化方位旋转角 θ 表示透射波与入射波极化面之间的旋转角，而椭圆度 η 表示透射波的极化状态。当 η 等于零时，透射波仍为线极化波，但极化面相对于入射波的旋转角为 θ。因此，当 $\eta = 0°$ 和 $\eta = \pm90°$ 时，线极化波可以转换为交叉极化波。图 5.24 描述了 x 极化波沿＋z 方向入射时的极化方位旋转角 θ 和椭圆度 η 的仿真和实验结果。可以看出，θ 的仿真值在 6.0～11.9 GHz 的频率范围内接近 $\pm90°$，η 的仿真值在 5.2～11.9 GHz 的宽带频率范围内接近 0°。这意味着线极化波转换为＋z 方向的交叉极化波。此外，在 5.2～11.9 GHz 的频率范围内，θ 的实验结果接近 $\pm90°$，这进一步说明了线极化波转换为交叉极化波。

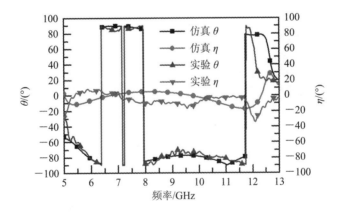

图 5.24　x 极化波沿＋z 方向入射时的极化方位旋转角和椭圆度的仿真和实验结果

极化转换是由强磁响应产生的，该响应产生了一个与入射波极化方向垂直的延迟波分量，使透射波的极化面发生旋转。我们给出了三个金属层在两个共振频率处的表面电流分布，以探讨宽带线极化转换的基本原理（相同的分析方法可用于其他频率）。图 5.25 显示了在共振频率 6.25 GHz 和 7.9 GHz 处，电磁波沿＋z 方向穿过结构时，三个金属层的表面电流分布。从图 5.25(a)～(b) 中可以看出，顶层与中间层表面电流的方向相反。入射波在顶层和中间层激发两个电流环，从而产生两个磁偶极矩 $\boldsymbol{m}_1$ 和 $\boldsymbol{m}_2$。同时，中间层和底层的两个电流环也被激发，从而产生两个磁偶极矩 m_3 和 m_4，如图 5.25(c) 所示。感应磁场 H_1 和 H_2（由 m_1 和 m_2 产生）沿 x 轴，与电场 E 平行，因此，电场 E 与感应磁场 H_1 和 H_2 之间存在交叉耦合，H_1 和 H_2 会导致交叉极化转换，并进行 x—y 极化转换。相反，感应磁场 H_3 和 H_4（由 m_3 和 m_4 产生）与入射电场 E 垂直，因此，H_3、H_4 与电场 E 之间不存在交叉耦合，H_3 和 H_4 不会导致极化转换。在 7.9 GHz 频率处，磁偶极矩的激发方式如图 5.25(d)~(f) 所示。极化转换是由磁偶极矩 m_3 和 m_4 激发的：感应磁场 H_3 和 H_4 与电场 E 平行，电场 E 与感应磁场 H_3 和 H_4 之间存在交叉耦合，导致了 x 到 y 的交叉极化转换。

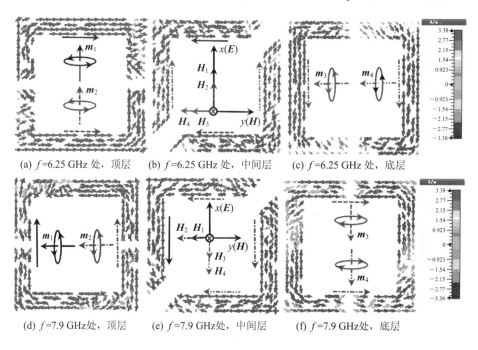

(a) f=6.25 GHz 处，顶层   (b) f=6.25 GHz 处，中间层   (c) f=6.25 GHz 处，底层

(d) f=7.9 GHz 处，顶层   (e) f=7.9 GHz 处，中间层   (f) f=7.9 GHz 处，底层

图 5.25   在共振频率 6.25 GHz 和 7.9 GHz 处三个金属层的表面电流分布

我们通过改变一个参数而保持其他参数不变的方式来进行参数分析。图 5.26 描述了不同间隙对 PCR 的影响。其中图 5.26(a) 显示了当其他参数不变时，三个金属层间隙相同的计算结果。显然，当 g_1 和 g_2 增大时，带宽变宽，而在高频段（12.1~13.6 GHz），PCR 减小。当 $g_1=g_2=1.0$ mm 时，在 5.5~11.9 GHz 的带宽范围内，PCR 几乎超过 90%。另一方面，带宽拓展至 7.6 GHz（6.0~13.6 GHz），当 $g_1=g_2=2.2$ mm 时，PCR 在 12.8 GHz 左右降低至 50%。因此，相同带宽的三个金属层应该选择不同的间隙（$g_1 \neq g_2$）以优化 PCR。从图 5.26(b) 可以看出，当 $g_1=1.0$ mm 时，增加 g_2（中间金属层

的间隙），PCR 也增加；当 $g_2=1.8$ mm($g_1=1$ mm)时，PCR 超过 95%。另外，三层双各向异性超材料的 PCR 还受到介质基板厚度 t 和金属层宽度 w 的影响，如图 5.27 所示。可以清楚地看到，带宽随着 t 的减小而变宽，而带宽随着 w 的增大而变窄。用 LC 谐振电路理论很容易理解频移的机理。根据 LC 谐振电路理论，磁谐振频率由 $\omega=1/\sqrt{LC}$ 计算得出，其中 L 是总电感，C 是总电容。随着 w 的增加，C 将减小，最终导致磁谐振频率的增加。这表明可以通过改变互补十字线的宽度来调整极化转换的频率范围。

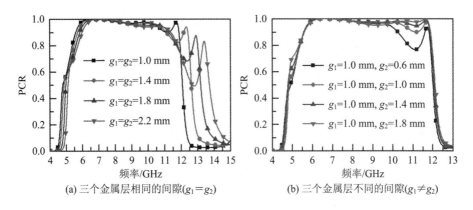

(a) 三个金属层相同的间隙($g_1=g_2$) (b) 三个金属层不同的间隙($g_1\neq g_2$)

图 5.26 不同间隙对 PCR 的影响

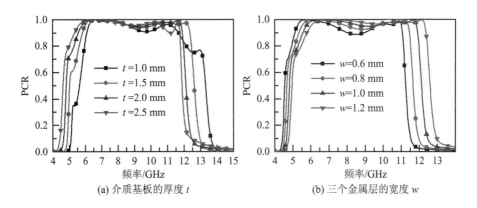

(a) 介质基板的厚度 t (b) 三个金属层的宽度 w

图 5.27 不同参数对 PCR 的影响

第6章 可重构极化转换器

"可重构"一词源于计算机领域,其本意是指通过电子器件控制计算电路时,在不改变电路结构的前提下可实现多种控制的功能。将可重构概念和超表面相结合设计的可重构电磁超表面可以将电磁波的多种调控方式集成于一身,在新型天线、先进电磁控制系统中都有广阔的应用前景。

通常来说,可重构超表面的实现方式一般分为机械方式和电控方式两类。机械方式通常涉及高度平移或者单元旋转,这就使得重构的速度较慢、集成度较差。电控方式在不同频段的实现方式不同,在微波段是加载集总元件,如PIN二极管、变容二极管、微机电系统;在太赫兹乃至可见光波段通常使用功能材料,如液晶、铁电材料、相变材料、石墨烯。

本章介绍可重构超表面的调控机理及其在多功能极化转换方面的研究,主要包括极化可重构、频域可重构电磁器件的设计与验证。

6.1 宽带可重构极化转换器

本节主要研究线—圆极化转换和全反射功能复用的极化可重构超表面的电磁调控特性。首先,研究无源超表面的调控机理;其次,在无源超表面结构上通过嵌入PIN二极管实现极化重构功能;最后,通过微波实验验证该超表面器件具有良好的重构特性。

6.1.1 设计原理

通常情况下,反射型极化转换器件由ABA型结构组成,主要是在介质基板顶层设计具有极化转换功能的谐振器,在基板底层利用金属层实现电磁波的全反射。因此,当采用平面波激励时,由于金属板的存在,透射波的振幅为0;在不考虑介质层损耗的情况下,反射波的振幅为1。如果所设计的结构绕z轴旋转 180°后与原形状重合，则该结构具有 C_2 旋转对称性。因此，当采用平面波激励时，x 极化波和 y 极化波经超表面反射后存在相位差。假设 x 极化波经超表面反射后的相位为 φ_x，y 极化波经超表面反射后的相位为 φ_y，那么可定义相位差为 $\Delta\varphi = \varphi_x - \varphi_y$。通过调整单元结构参数，就可改变相位差 $\Delta\varphi$，从而实现入射波的极化转换。

6.1.2　结构设计

He 等人根据反射型极化转换器的设计原理，以经典开口谐振环与扇形贴片组合的方式设计了一种超宽带无源极化转换器[185]，其单元结构如图 6.1(a) 所示。该结构的顶层由开口谐振环与扇形金属贴片组合而成，中间层由介电常数为 4.4、损耗角正切为 0.003 的介质基板 F4B 组成，底层为金属薄膜。此结构中的几何参数为：$P = 12$ mm，$d_1 = 0.25$ mm，$d_2 = 0.2$ mm，$w_1 = 1.2$ mm，$w_2 = 0.5$ mm，$w_3 = 1.5$ mm，$r = 1.6$ mm，$L_1 = 1$ mm，$t = 3$ mm。为了实现极化转换的动态可调，在上述极化转换器的基础之上，保持其他结构参数和基板材料不变，改变外环缝隙 d_1 的大小，得到可重构单元结构，如图 6.1(b) 所示。在外环缝隙中嵌入 SMP1320 – 079LF 型号的 PIN 二极管，通过偏置电压来改变二极管的通断，从而使得超表面对入射波表现出不同的电磁响应。同时，为了避免其他高频信号的影响，引入了 $L = 10$ nH 的电感。二极管是非线性的有源器件，在这里可以将二极管等效为 RLC 串联电路，如图 6.1(c) 所示。当二极管处于导通状态时等效为 RL 串联电路，其中 $R_{ON} = 0.5$ Ω，$L_{ON} = 0.7$ nH；当二极管断开时等效为 LC 串联电路，其中 $L_{OFF} = 0.5$ nH，$C_{OFF} = 0.24$ pF。为了便于描述，将二极管断开时定义为"00"状态，将二极管导通时定义为"11"状态。

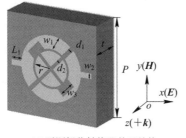
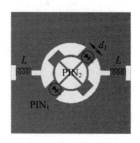
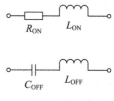

(a) 无源极化转换器单元结构　　　(b) 可重构单元结构　　(c) 二极管的等效电路

图 6.1　所设计极化转换器的单元结构与二极管的等效电路

在电磁仿真软件 CST 中用等效电路代替实际的二极管进行全波仿真计算。仿真中采用频域求解的方法，x 和 y 方向设置为周期边界，电磁波沿 $-z$

方向垂直入射，由于存在金属背板，$-z$ 方向边界条件设置为 $E_t = 0$。当二极管导通时，超表面工作在转换模式下，可以把入射的线极化波转换为圆极化波；当二极管断开时，超表面工作在共极化反射模式下，可以将入射的线极化波以共极化的方式全反射。为了更好地说明线极化到圆极化的转换能力，我们引入了线到圆极化转换率，其定义如下：

$$PCR = \frac{|r_{LCP}|^2}{|r_{LCP}|^2 + |r_{RCP}|^2} \tag{6-1}$$

其中

$$r_{RCP} = \frac{\sqrt{2}(r_{yx} + jr_{xx})}{2} \tag{6-2}$$

$$r_{LCP} = \frac{\sqrt{2}(r_{yx} - jr_{xx})}{2} \tag{6-3}$$

此外，为了说明圆极化波的理想程度，我们使用了轴比 AR 和椭偏度 e 来描述，其具体的定义如下：

$$AR = \sqrt{\frac{|r_{xy}|^2 + |r_{yy}|^2 + \sqrt{a}}{|r_{xy}|^2 + |r_{yy}|^2 - \sqrt{a}}} \tag{6-4}$$

$$e = \frac{2|r_{xy}||r_{yy}|\sin\Delta\varphi_{xy}}{|r_{xy}|^2 + |r_{yy}|^2} \tag{6-5}$$

其中

$$a = |r_{xy}|^4 + |r_{yy}|^4 + 2|r_{xy}|^2|r_{yy}|^2\cos(2\Delta\varphi_{xy}) \tag{6-6}$$

$$\Delta\varphi_{xy} = \varphi_{xy} - \varphi_{yy} \tag{6-7}$$

为了更好地说明全反射的特性，我们引入了极化转换率和吸收率（A），其定义如下：

$$PCR_{x(y)} = \frac{|r_{yx(xy)}|^2}{|r_{yx(xy)}|^2 + |r_{xx(yy)}|^2} \tag{6-8}$$

$$A = 1 - |r_{xy}|^2 - |r_{yy}|^2 \tag{6-9}$$

6.1.3　仿真结果与性能表征

当二极管处于"11"状态时，极化可重构超表面工作在转换模式下，假设入射到可重构超表面上的电磁波为 x 极化波，则 CST 仿真计算得到的结果如图 6.2 所示。图 6.2(a) 为 x 极化波入射后得到的共极化反射系数 r_{xx}、交叉极化反射系数 r_{yx} 和根据公式（6-1）计算得到的 PCR，图 6.2(b) 是反射相位和相

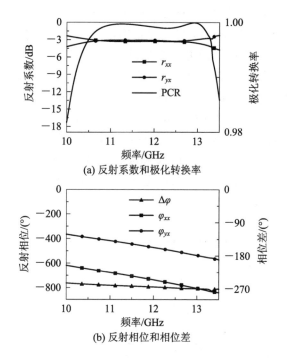

(a) 反射系数和极化转换率

(b) 反射相位和相位差

图 6.2　转换模式下 x 极化波入射后得到的仿真结果

位差。由图 6.2(a)可知，当 x 极化波入射到超表面时，共极化反射系数 r_{xx} 与交叉极化反射系数 r_{yx} 在 10.5～13.0 GHz 频率范围内等于−3 dB，PCR 在整个带宽内达到 0.98 以上，相对带宽达到了 29.8%。当反射波的共极化反射系数与交叉极化反射系数的幅值相等时，由图 6.2(b)可知，相位差为 $\pi/2$，反射波的合成轨迹为圆极化波，这表明所设计的超表面在极化转换模式下具有良好的线极化到圆极化的转换能力。

　　为了说明圆极化波的理想程度，我们根据公式(6-4)至公式(6-7)计算得到了轴比 AR 和椭偏度 e，如图 6.3 所示。在工程上，通常以 3 dB 轴比来描述圆极化波的理想程度。由图 6.3 可以看出，在 10.0～13.5 GHz 频率范围内轴比小于 1 dB，相应的椭偏度大于 0.95，这说明线极化波经超表面转换后形成

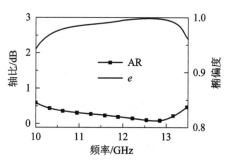

图 6.3　轴比和椭偏度

的圆极化波是标准的圆极化波,满足工程实践的要求。

当二极管处于"00"状态时,极化可重构超表面工作在共极化反射模式下,假设入射到可重构超表面上的电磁波为线极化波,则 CST 仿真计算得到的结果如图 6.4 所示。从图 6.4(a)和(b)可以看出,不论入射的是 x 极化波还是 y 极化波,共极化反射系数在 $10.0 \sim 13.5$ GHz 范围内都约等于 0 dB,交叉极化反射系数在 $10.0 \sim 13.5$ GHz 范围内都小于 -10 dB,这表明可重构超表面表现出全反射的功能。为了描述全反射的特性,我们根据公式(6-8)和公式(6-9),由反射系数计算得到了 PCR 和吸收率 A。可以看出,PCR 和 A 在整个频带内都低于 0.05,这说明在共极化反射模式下,所设计的超表面可以近乎完美地将入射的线极化波进行全反射。

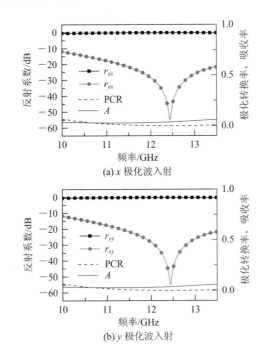

(a) x 极化波入射

(b) y 极化波入射

图 6.4　共极化反射模式下线极化波入射后得到的仿真结果

6.1.4　极化调控特性分析

1. 重构特性分析

超表面的重构特性可由电场能量分布来说明。这里讨论在 x 极化波入射时二极管不同状态下的电场分布。图 6.5(a)为二极管导通状态下的电场分布,

图 6.5(b)为二极管断开状态下的电场分布。可以看出,当二极管导通时,电场能量主要集中在内外圆环贴片的缝隙处,改变了反射波的反射相位,这意味着入射的线极化波在 x 和 y 方向上的分量保持相等。当二极管断开时,电场能量主要集中在内环的缝隙处,内环扇形贴片缝隙处的能量呈现中心对称分布。实质上是二极管的通断改变了超表面结构的连接方式,导致了谐振状态的变化,最终使得极化状态发生变化。

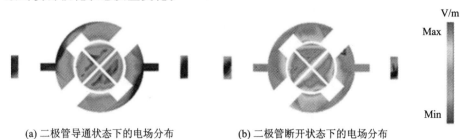

(a) 二极管导通状态下的电场分布   (b) 二极管断开状态下的电场分布

图 6.5 二极管不同状态下的电场分布

2. 斜入射特性分析

这里讨论二极管不同状态下的斜入射特性。图 6.6(a)为二极管导通状态下,斜入射角 θ 对轴比的影响。图 6.6(b)为二极管断开状态下,斜入射角 θ 对吸收率和极化转换率的影响。从图 6.6(a)可以看出,随着 θ 的增加,3 dB 轴比带宽逐渐变窄且左移,这表明在二极管导通时,线到圆极化转换特性对入射角的变化较敏感,这是由于随着入射角的增加,电磁波在介质基板的传播距离大于垂直入射时的传播距离。从图 6.6(b)可以看出,随着 θ 的增加,吸收率和极化转换率基本保持不变,这表明在二极管断开时,全反射功能的特性不受 θ 的影响,具有广角性质。

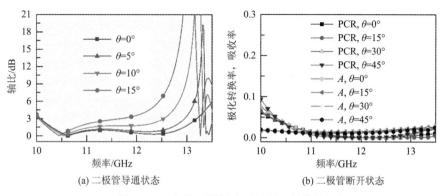

(a) 二极管导通状态   (b) 二极管断开状态

图 6.6 二极管不同状态下的斜入射特性

3. 极化转换原理分析

为了解释二极管不同状态下的极化转换原理，通过 CST 计算得到了 u、v 方向的相位、相位差和反射系数，如图 6.7 所示。其中，图 6.7(a)、(b) 分别表示的是工作在转换模式下的极化可重构超表面的反射系数、相位和相位差，图 6.7 (c)、(d) 分别为工作在共极化反射模式下的极化可重构超表面的反射系数、相位和相位差。由图 6.7(a)、(b) 可知，r_{uu} 和 r_{vv} 在 10.5～13.0 GHz 范围内几乎相等且接近于 1，相位差为 $\pi/2$。这意味着极化可重构超表面工作在转换模式时可以将入射的线极化波转换为圆极化波。反射波的电场 $\boldsymbol{E}^{\mathrm{r}}$ 可表示为

$$\boldsymbol{E}^{\mathrm{r}} = \boldsymbol{e}_u r_{uu} E_u^{\mathrm{i}} \mathrm{e}^{-\mathrm{j}(\varphi + \varphi_{uu})} + \boldsymbol{e}_v r_{vv} E_v^{\mathrm{i}} \mathrm{e}^{-\mathrm{j}(\varphi + \varphi_{uu} - \pi/2)}$$
$$= (\boldsymbol{e}_u E_u^{\mathrm{i}} + \boldsymbol{e}_v \mathrm{j} E_v^{\mathrm{i}}) \mathrm{e}^{-\mathrm{j}(\varphi + \varphi_{uu})} \tag{6-10}$$

同样，从图 6.7(c)、(d) 可以看出，r_{uu} 和 r_{vv} 在 10.5～13.0 GHz 范围内几乎相等，相位差为 0。这表明在共极化反射模式下超表面等效为一个完美电导体，可以把入射的线极化波以共极化的状态全反射。

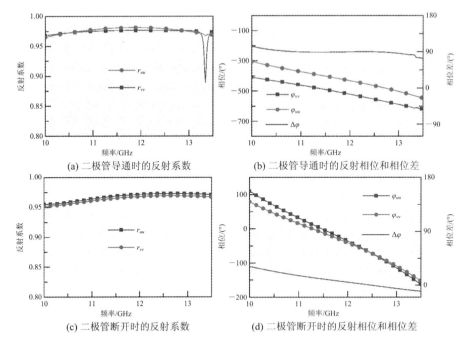

(a) 二极管导通时的反射系数　　(b) 二极管导通时的反射相位和相位差

(c) 二极管断开时的反射系数　　(d) 二极管断开时的反射相位和相位差

图 6.7　二极管不同状态下 u 方向和 v 方向上的共极化反射系数、相位和相位差

4. 物理机理分析

为了解释所设计的可重构超表面的物理机理，讨论了不同谐振点处的表面

电流分布。这里以 x 极化波垂直入射到超表面为例进行说明。当二极管导通时,极化可重构超表面工作在极化转换模式下,顶层结构与金属底板在谐振点 10.50 GHz、11.75 GHz 和 13.0 GHz 处的表面电流分布分别如图 6.8(a)、(b)和(c)所示。由图可知,等效电流 I_1 与 I_2 相互垂直,此时输入阻抗表现为高电感特性。同时,顶层的 SRR 结构与底层金属板的谐振引入了 $\pi/2$ 的相位差,多个谐振点在频率域上互补覆盖导致了 29.8% 的相对带宽。因此,所提出的极化可重构超表面在极化转换模式下可以实现线极化波到圆极化波的转换。

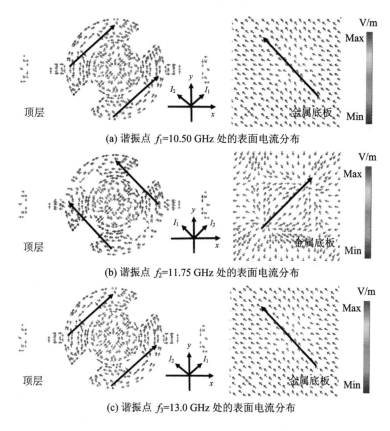

(a) 谐振点 f_1=10.50 GHz 处的表面电流分布

(b) 谐振点 f_2=11.75 GHz 处的表面电流分布

(c) 谐振点 f_3=13.0 GHz 处的表面电流分布

图 6.8   极化转换模式下谐振点处的表面电流分布

当二极管断开时,极化可重构超表面工作在共极化反射模式下,顶层结构与金属底板在谐振点 10.50 GHz、12.5 GHz 和 13.0 GHz 处的表面电流分布分别如图 6.9(a)、(b)和(c)所示。从图中可以看出,等效电流 I_1 与 I_2 沿对角线方向平行且反向,顶层结构与金属底板的表面电流之间形成了闭合回路,产生了磁偶极子,可认为是等效的磁谐振器。因此,可以进一步得出结论,可重构超表面可以完全反射具有相同极化方式的线极化波。综上所述，通过调整二极管状态可以改变谐振点处的表面电流分布，进而控制可重构超表面的电磁谐振特性，实现极化状态的可重构。

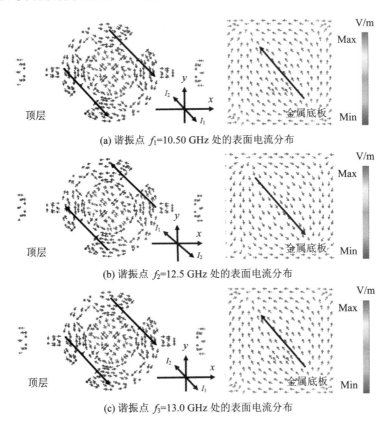

(a) 谐振点 f_1=10.50 GHz 处的表面电流分布

(b) 谐振点 f_2=12.5 GHz 处的表面电流分布

(c) 谐振点 f_3=13.0 GHz 处的表面电流分布

图 6.9 共极化反射模式下谐振点处的表面电流分布

6.1.5 实验验证

为了验证本节所设计的可重构超表面的正确性，利用 PCB 技术加工了一个由 20×20 个单元组成的实验样品，如图 6.10(a)所示。每个单元上焊接有两个 PIN 二极管和高频电感，引入高频电感的目的在于隔绝直流偏置中高频信号的影响，样品上的直流偏置线已经全部连接在一起，以方便使用稳压电源进行馈电。实验测试环境如图 6.10(b)所示。

在实际测试过程中，样品被固定于暗室的吸波材料上，一组标准增益喇叭天线被固定在三角支架上，通过同轴馈线连接到罗德施瓦茨矢量网络分析仪上。喇叭天线的工作频段为 2～18 GHz。喇叭天线与样品应处于同一水平位置上，天线之间的夹角为 5°左右，使用与样品同等大小的金属板进行归一化处理。

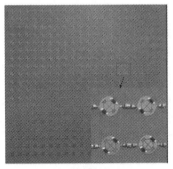
(a) 实验样品

(b) 测试环境

图 6.10　实验样品与测试环境

实验与仿真的结果对比如图 6.11 所示，其中图 6.11(a) 和 (c) 为不同模式下的反射系数，图 6.11(b) 和 (d) 为相应的性能表征。馈源使用喇叭天线发射 x

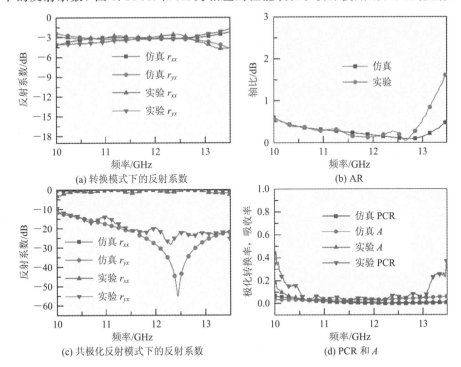

(a) 转换模式下的反射系数

(b) AR

(c) 共极化反射模式下的反射系数

(d) PCR 和 A

图 6.11　实验与仿真的结果对比

极化波。当二极管处于导通状态时，共极化和交叉极化反射系数约为-3 dB，相应的轴比小于1 dB，相对带宽达到29.8%，这意味着在当前状态下超表面实现了线极化到圆极化的转换。当二极管处于断开状态时，实验与仿真的反射系数基本吻合，相应的 PCR 和 A 在 $10.5\sim13.0$ GHz 范围内均小于 0.05，这意味着在当前状态下超表面表现为一个完美电导体。实验结果的误差主要是由PIN 二极管和电感在焊接过程中带来的寄生电感和电容效应造成的。

6.2　频域可重构极化转换器

6.2.1　频域可重构调控原理

在频域中，电磁波被调制成具有不同频率分量的散射波，它实质上是一组具有不同电磁响应单元的叠加。超表面的反射电场和入射电场之间可用散射参数 S 来表征，散射参数 S 主要与频率相关，且满足

$$\begin{bmatrix} \boldsymbol{E}_x^r \\ \boldsymbol{E}_y^r \end{bmatrix} = \boldsymbol{S} \begin{bmatrix} \boldsymbol{E}_x^i \\ \boldsymbol{E}_y^i \end{bmatrix} \tag{6-11}$$

式中，i 和 r 分别表示入射和反射，x 和 y 表示电磁波的极化方式。根据入射波的极化方向对超表面单元在频域中进行调控，则第 n 个结构单元的散射矩阵可表示为

$$\boldsymbol{S} = \begin{bmatrix} \boldsymbol{S}_{fn}(f) & 0 \\ 0 & \boldsymbol{S}_{fn}(f) \end{bmatrix} \tag{6-12}$$

其中，$\boldsymbol{S}_{fn}(f)$ 表示第 n 个单元的散射参数。由于散射矩阵 $\boldsymbol{S}$ 满足 Jordan 矩阵，所以在各个频率范围内的电磁响应将互不干扰。因此反射波的总电场 $\boldsymbol{E}$ 可表示为

$$\boldsymbol{E} = \sum_{n=1} \boldsymbol{E}_n^r = \sum_{n=1} \boldsymbol{S}_{fn}(f) \boldsymbol{E}_n^i \tag{6-13}$$

$\boldsymbol{S}_{fn}(f)$ 可根据泰勒级数进行展开，其定义如下：

$$\boldsymbol{S}_{fn}(f) = \sum_{P=0} \left(\frac{a_{mp}^1}{P!}(f-f_1)^p + \frac{a_{mp}^2}{P!}(f-f_2)^p + \frac{a_{mp}^3}{P!}(f-f_3)^p + \cdots \right)$$

$$\tag{6-14}$$

其中，f_1、f_2、f_3 为 $\boldsymbol{S}_{fn}(f)$ 的不同谐振频率，a_{mp}^1、a_{mp}^2、a_{mp}^3 是不同谐振频率下的谐振系数。然而在一般的固定结构下很难出现不同频段极化功能的动态切

换，因此在本节中采用电控方式，通过在无源结构中加载 PIN 二极管来实现上述的调控原理，达到极化和频率同时重构的目的。

6.2.2　可重构单元结构设计

根据上述设计原理，本小节设计了一种频率和极化同时可重构的超表面。此超表面的频域可重构单元结构的主视图和侧视图分别如图 6.12(a) 和 (b) 所示。可重构单元由两层介质和三层金属层组成，其中金属层包括有源切换贴片层、金属地层和偏置馈线层。金属层的材料均为铜，其厚度为 0.035 mm，电导率为 5.8×10^7 S/m；介质基板为 F4B，其介电常数为 2.65，损耗角正切为 0.001。具体的几何参数如下：$P = 15.0$ mm，$l_0 = 14.2$ mm，$l_1 = 4$ mm，$l_2 = 14$ mm，$w = 0.5$ mm，$t_1 = 3.0$ mm，$t_2 = 3.5$ mm，$g = 1.5$ mm，$r = 0.8$ mm。有源切换层是由正方形贴片开槽构成的，其通过中间的导通孔与金属地层相连接，两个提供偏置电压的导通孔与中心导通孔的距离比为 5 : 4。值得注意的是，有源切换层上三个贴片的大小比例保证了超表面可实现频域的可重构，不同频段的谐振频率分别为 f_1、f_2、f_3、f_4。多条缝隙型结构带来了更多的谐振点，同时也拓展了不同频段内极化功能的带宽。此外，通过合理设计偏置馈线降低了整个结构的剖面，也减小了损耗。分立控制的 PIN 二极管也带来了更多的灵活性。在完全导通的状态下，结构连接成一个整体。

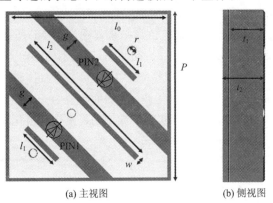

(a) 主视图　　　　　　　　　　(b) 侧视图

图 6.12　频域可重构单元结构示意图

6.2.3　仿真结果与性能表征

在电磁仿真软件 CST 中对所设计的单元结构进行了全波仿真计算，所用二极管型号是 SMP2019 - 079LF。二极管导通时可以等效为 $R = 0.5$ Ω、$L =$

0.7 nH 的串联电路，二极管断开时等效为 $L=0.5$ nH、$C=0.24$ pF 的串联电路。x、y 方向分别设置为单元格，$-z$ 方向设置为电边界，$+z$ 方向设置为开放空间边界。当二极管断开时，定义其状态为"0"；当二极管导通时，定义其状态为"1"。可重构单元结构上的两个二极管状态可用 2 bit 编码来表示，即"10""01""00""11"）。例如"10"表示 PIN1 导通、PIN2 断开。在频域中，可重构超表面可等效为一个多功能极化转换器。

图 6.13 为 x 极化波入射时，二极管不同状态下的仿真结果。当 PIN1 导通、PIN2 断开时，仿真结果如图 6.13(a)所示。从仿真结果可以清晰地看出，交叉极化反射系数 r_{yx} 在 3.70～4.16 GHz 范围内接近 0 dB，而共极化反射系数 r_{xx} 小于 -10 dB。由此说明，在二极管状态为"10"时，入射的线极化波经超表面后转换成相应的交叉极化波，超表面充当了线极化转换器。当 PIN1 断开、PIN2 导通时，仿真结果如图 6.13(b)所示。从仿真结果可以清晰地看出，交叉极化反射系数 r_{yx} 和共极化反射系数 r_{xx} 在 4.35～4.90 GHz 范围内接近 -3 dB，相应的相位差保持在 $-\pi/2$。由此说明，在二极管状态为"01"时，入射的线极化波经超表面后转换为左旋圆极化波，超表面充当了线到圆极化转换器。当 PIN1 和 PIN2 同时断开时，仿真结果如图 6.13(c)所示。从仿真结果可以清晰地看出，交叉极化反射系数 r_{yx} 在 6.02～7.16 GHz 范围内小于 -10 dB，而共极化反射系数 r_{xx} 接近 0 dB。由此说明，在二极管状态为"00"时，入射的线极化波经超表面后以共极化的形式全反射，超表面等效为一个完美电导体。当 PIN1 和 PIN2 同时导通时，仿真结果如图 6.13(d)所示。从仿真结果可以得到，共极化反射系数 r_{xx} 在 7.30～8.05 GHz 范围内小于 -10 dB，而交叉极化反射系数 r_{yx} 接近 0 dB。由此说明，在二极管状态为"11"时，入射的线极化波经超表面后转换成了相应的交叉极化波，超表面等效为一个线极化转换器。综上所述，所设计的多功能极化转换器实现了频率的可重构和极化功能的可切换。

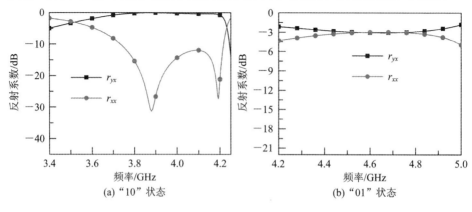

(a) "10" 状态　　　　　　　　(b) "01" 状态

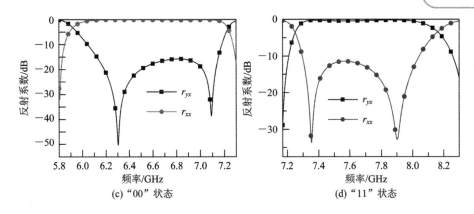

(c) "00" 状态　　　　　　　　(d) "11" 状态

图 6.13　二极管不同状态下的仿真结果

　　此外，为了更好地描述多功能超表面的性能，根据反射系数仿真计算了二极管不同状态下的极化转换率、吸收率和轴比，如图 6.14 所示。图 6.14(a) 中给出了 PIN 二极管在"10"状态下的极化转换率和"01"状态下的轴比。从仿真计算的结果可以看出，当二极管处于"10"状态时，PCR 在 3.70～4.16 GHz 范围内大于 0.9，这意味着入射的 x 极化波转换为与原极化波相互垂直的 y 极化波，相对带宽达到 12.1%。当二极管处于"01"状态时，AR 在 4.25～4.95 GHz 范围内小于 3 dB，相对带宽达到了 15.1%，这意味着入射的 x 极化波转换为左旋圆极化波。类似地，图 6.14(b) 中给出了 PIN 二极管在"00"状态下的极化转换率、吸收率和"11"状态下的极化转换率。从仿真计算的结果可以得到，当二极管处于"00"状态时，PCR 和 A 在 6.02～7.16 GHz 范围内小于 0.1，相对带宽达到了 17.5%，这表明超表面在当前二极管状态下可以高效地将入射的线极化波全反射。当二极管处于"11"状态时，PCR 在 7.30～8.15 GHz 范围内大于 0.9，这意味着入射的 x 极化波转换成与原极化波相互垂直的 y 极化波。

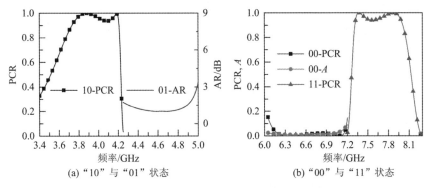

(a) "10" 与 "01" 状态　　　　　　(b) "00" 与 "11" 状态

图 6.14　二极管不同状态下的极化转换率、吸收率和轴比

6.2.4 极化调控特性分析

1. 重构特性分析

根据第 2 章可重构超表面的原理，研究了频域可重构超表面在二极管不同状态下的电场分布，如图 6.15 所示。在频域中，可重构超表面可等效为一个多功能极化转换器。二极管在不同的状态下，通断发生改变，导致了有源切换层的连接方式和耦合方式发生变化。当电磁波入射到超表面时，不同二极管状态下的谐振频率是不相同的，因此在频率上表现为重构特性。此外，在不同的二极管状态下，入射波的反射相位可调控，从而导致极化的重构。

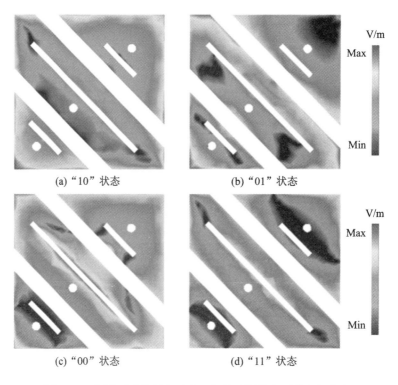

(a) "10" 状态　　　　　　　　(b) "01" 状态

(c) "00" 状态　　　　　　　　(d) "11" 状态

图 6.15　频域可重构超表面在二极管不同状态下的电场分布

2. 斜入射特性分析

在实际的电磁环境中，电磁波不仅会垂直入射到物体的表面，还可能沿任意角度入射。因此，研究电磁波的斜入射特性是十分必要的。图 6.16 给出了不同入射角度对二极管不同状态下可重构极化调控性能的影响。从图 6.16(a)

可以看出，当二极管处于"10"状态时，在 3.7～4.16 GHz 范围内，极化转换率在斜入射角度小于 30°时都能保持在 0.83 以上。随着斜入射角度的增大，极化转换率逐渐降低，但带宽略有增大。从图 6.16(b) 可以看出，当二极管处于"01"状态时，在 4.25～4.95 GHz 范围内，轴比在斜入射角度小于 45°时均小于 3 dB，这表明线极化到圆极化的转换具有良好的广角性质。这是因为分解后的水平分量与垂直分量基本保持一致且相位差没有变化。从图 6.16(c) 可以看出，当二极管处于"00"状态时，在 6.02～7.16 GHz 范围内，极化转换率和吸收率在斜入射角度小于 30°时均小于 0.1，这表明入射的线极化波具有良好的广角性质，随着斜入射角度的增大，极化转换率和吸收率也在逐渐增加。从图 6.16(d) 可以看出，当二极管处于"11"状态时，在 7.30～8.15 GHz 范围内，极化转换率在斜入射角度小于 30°时保持在 0.83 以上，随着斜入射角度的增加，极化转换率急剧下降且带宽变窄，这主要是由有源切换层与金属地层之间的磁耦合效应减弱，金属层之间的谐振也逐渐降低导致的。

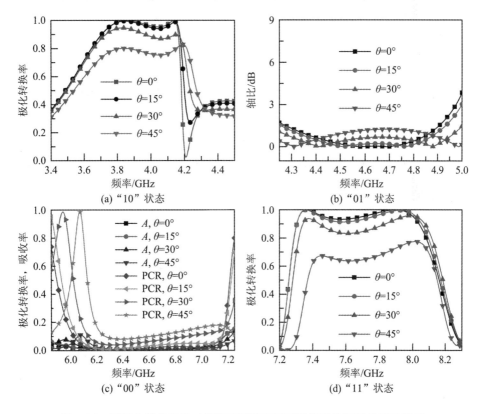

图 6.16　不同入射角度对二极管不同状态下可重构极化调控性能的影响

3. 极化转换原理分析

下面从理论上分析二极管不同状态下的极化转换特性，图 6.17(a)～(d) 是二极管分别为"10""01""00""11"状态下的反射系数及相应的相位差。从图 6.17(a)可以看出，共极化反射系数在 3.7～4.1 GHz 范围内相等且接近于 1，相应的反射相位差近似为 π。从图 6.17(d) 也可以看出，共极化反射系数在 7.3～8.0 GHz 范围内几乎相等且接近于 1，相应的相位差也近似为 π。因此，入射的 x 极化波经超表面转换后变成了 y 极化波。于是反射波的电场 $\boldsymbol{E}^{\mathrm{r}}$ 可表示为

$$\begin{aligned}
\boldsymbol{E}^{\mathrm{r}} &= \boldsymbol{e}_u r_{uu} E_u^{\mathrm{i}} \mathrm{e}^{-\mathrm{j}(\varphi + \varphi_{uu})} + \boldsymbol{e}_v r_{vv} E_v^{\mathrm{i}} \mathrm{e}^{-\mathrm{j}(\varphi + \varphi_{uu} - \pi)} \\
&= (\boldsymbol{e}_u - \boldsymbol{e}_v) E_0 \mathrm{e}^{-\mathrm{j}(\varphi + \varphi_{uu})} \\
&= \boldsymbol{y} E_0 \mathrm{e}^{-\mathrm{j}(\varphi + \varphi_{uu})}
\end{aligned} \tag{6-15}$$

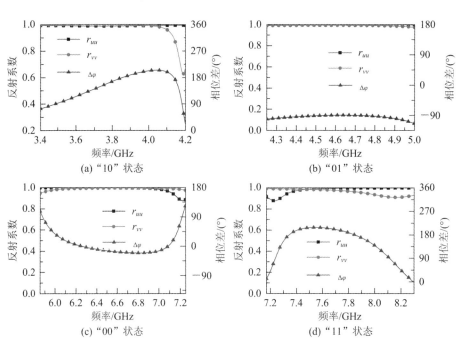

图 6.17 二极管不同状态下 u、v 方向上的反射系数和相位差

从图 6.17(b)可以看出，共极化反射系数在 4.25～5.0 GHz 范围内保持相等且为 1，相位差等于 $-\pi/2$，这意味着入射的线极化波经超表面转换后变成了左旋圆极化波。于是反射波的电场 $\boldsymbol{E}^{\mathrm{r}}$ 可表示为

$$\boldsymbol{E}^{\mathrm{r}} = \boldsymbol{e}_u r_{uu} E_u^{\mathrm{i}} \mathrm{e}^{-\mathrm{j}(\varphi + \varphi_{uu})} + \boldsymbol{e}_v r_{vv} E_v^{\mathrm{i}} \mathrm{e}^{-\mathrm{j}(\varphi + \varphi_{uu} - \pi/2)}$$

$$= (\boldsymbol{e}_u E_u^i + \boldsymbol{e}_v j E_v^i) e^{-j(\varphi + \varphi_{uu})} \tag{6-16}$$

从图 6.17(c)可以看出，共极化反射系数在 $6.0 \sim 7.1$ GHz 范围内几乎相等且为 1，相应的相位差近似为 0，这意味着超表面等效为完美电导体，可以将入射的 x 极化波以相同的极化方式全反射。于是反射波的电场 $\boldsymbol{E}^r$ 可表示为

$$\boldsymbol{E}^r = \boldsymbol{e}_u r_{uu} E_u^i e^{-j(\varphi + \varphi_{uu})} + \boldsymbol{e}_v r_{vv} E_v^i e^{-j(\varphi + \varphi_{uu})}$$

$$= (\boldsymbol{e}_u + \boldsymbol{e}_v) E_0 e^{-j(\varphi + \varphi_{uu})}$$

$$= \boldsymbol{x} E_0 e^{-j(\varphi + \varphi_{uu})} \tag{6-17}$$

4. 物理机理分析

为了解释极化转换的物理机理，讨论了二极管不同状态下各功能谐振点处的表面电流分布。当二极管处于"10"状态时，谐振点 $f_1 = 3.85$ GHz 和 $f_2 = 4.13$ GHz 处的表面电流分布分别如图 6.18(a)和(b)所示。当入射的电磁波为 x 极化波时，在 $f_1 = 3.85$ GHz 处有源切换层的表面电流与金属地层的表面电流构成闭合回路，在 $f_2 = 4.13$ GHz 处的表面电流分布与 $f_1 = 3.85$ GHz 处的表面电流分布一致，导致感生磁场的分量方向相较于原磁场的方向发生了 90° 的偏转，这表明入射的 x 极化波经超表面调控后变成了与其垂直的 y 极化波。

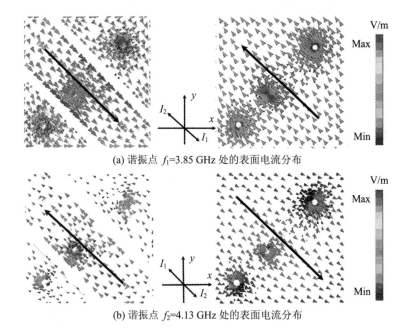

(a) 谐振点 $f_1 = 3.85$ GHz 处的表面电流分布

(b) 谐振点 $f_2 = 4.13$ GHz 处的表面电流分布

图 6.18　"10"状态下谐振点处的表面电流分布(左图是有源切换层，右图是金属地层)

当二极管处于"01"状态时，谐振点 $f_1=4.50\ \text{GHz}$ 和 $f_2=4.75\ \text{GHz}$ 处的表面电流分布分别如图 6.19(a) 和 (b) 所示。有源切换层的表面电流等效为 I_1，金属地层的表面电流为 I_2。由图可知，表面电流 I_1 和 I_2 相互垂直，输入阻抗呈现高电感特性，有源切换层与金属地层之间的相互谐振引入了 90° 的相位差，导致入射的线极化波经超表面调控后变成了圆极化波，多个谐振点的叠加导致了频带的展宽。

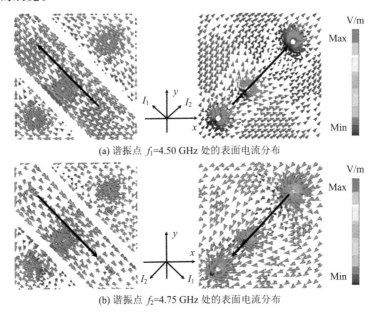

(a) 谐振点 f_1=4.50 GHz 处的表面电流分布

(b) 谐振点 f_2=4.75 GHz 处的表面电流分布

图 6.19　"01"状态下谐振点处的表面电流分布（左图是有源切换层，右图是金属地层）

当二极管处于"00"状态时，谐振点 $f_1=6.30\ \text{GHz}$ 和 $f_2=7.07\ \text{GHz}$ 处的表面电流分布分别如图 6.20(a) 和 (b) 所示。有源切换层的表面电流与金属地层的表面电流方向一致，构成了电偶极子，感生电场的方向与原生电场的方向保持一致，这表明入射波的电场方向经超表面反射后并没有发生变化，可重构超表面表现为全反射功能。

当二极管处于"11"状态时，谐振点 $f_1=7.36\ \text{GHz}$ 和 $f_2=7.89\ \text{GHz}$ 处的表面电流分布分别如图 6.21(a) 和 (b) 所示。这与二极管处于"10"状态时的物理机理一致。入射波的电场方向经超表面调控后转换为与其正交的方向，也就是入射波的极化状态发生了变化。综合考虑，在不同的二极管状态下，有源切换层与金属地层的表面电流分布不同，使得各谐振点处的耦合响应不一致，导致入射波的电场方向被调控到不同方向上，最终表现为电磁波的极化状态发生转换。

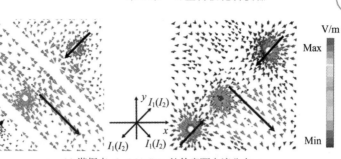

(a) 谐振点 f_1=6.30 GHz 处的表面电流分布

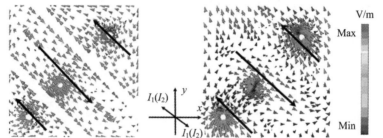

(b) 谐振点 f_2=7.07 GHz 处的表面电流分布

图 6.20　"00"状态下谐振点处的表面电流分布（左图是有源切换层，右图是金属地层）

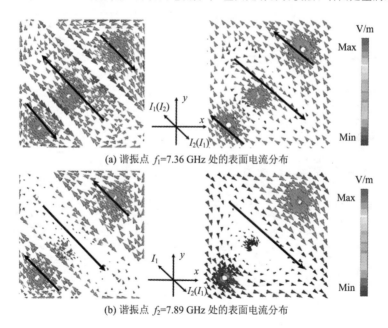

(a) 谐振点 f_1=7.36 GHz 处的表面电流分布

(b) 谐振点 f_2=7.89 GHz 处的表面电流分布

图 6.21　"11"状态下谐振点处的表面电流分布（左图是有源切换层，右图是金属地层）

6.2.5 实验验证

为了验证本设计的合理性和正确性,设计了一个 15×15 结构单元的样品模型并设计了合理的馈线,分别如图 6.22(a)和(b)所示。在实际的测试中,利用 PCB 工艺加工了该结构,实验样品包括了 15×15 个基本单元结构以及整体的馈电层,分别如图 6.22(c)和(d)所示。每个单元结构中嵌入两个相同的 PIN 二极管,导通孔与馈电层相连接,从而便于为样品模型上的二极管提供偏置电压,两个 PIN 二极管的负极采用共地的方式连接到金属地层。

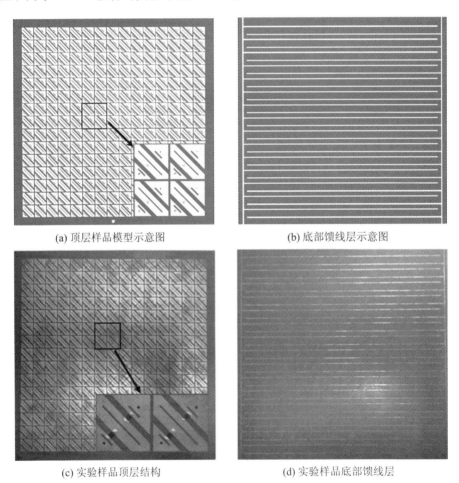

(a) 顶层样品模型示意图   (b) 底部馈线层示意图

(c) 实验样品顶层结构   (d) 实验样品底部馈线层

图 6.22　可重构超表面的样品模型与实验样品图

　　在实际测试过程中，样品被固定于暗室的吸波材料上，测试环境如图 6.23 所示。一组标准增益喇叭天线被固定在三角支架上，通过同轴馈线连接到罗德施瓦茨矢量网络分析仪上，喇叭天线的工作频段为 2～18 GHz。天线距离可重构超表面的样品 450 mm，喇叭天线与样品应处于同一水平位置上，天线之间的夹角为 5°左右，使用标准直流电源箱为 PIN 二极管提供＋3 V 的偏置电压以保证二极管的导通与断开，从而实现可重构极化功能的切换。

图 6.23　实验测试环境

　　当入射波为 x 极化波时，二极管不同状态下仿真与实验的性能对比如图 6.24 所示。二极管状态为"10"时转换带宽为 3.80～4.22 GHz，相对带宽为 10.9%，极化转换率超过 0.9，如图 6.24(a)所示；二极管状态为"01"时转换带宽为 4.25～5.0 GHz，相对带宽为 16.2%，线到圆极化转换的轴比小于 3 dB，如图 6.24(b)所示；二极管状态为"00"时全反射功能的带宽为 5.8～7.3 GHz，相对带宽为 22.9%，极化转换率小于 0.1，如图 6.24(c)所示；二极管状态为"11"时转换带宽为 7.35～8.10 GHz，相对带宽为 9.1%，极化转换率超过 0.9，如图 6.24(d)所示。在线极化转换时，转换带宽向右偏移，实验结果与仿真结果的误差主要来源于两方面：一方面是介质基板的介电常数和损耗角正切与其仿真值的误差；另一方面是由实际二极管的焊接引入的寄生电容与电感效应。从以上结果可知，可重构超表面在不同偏置电压控制下实现了不同频带内的极化转换。

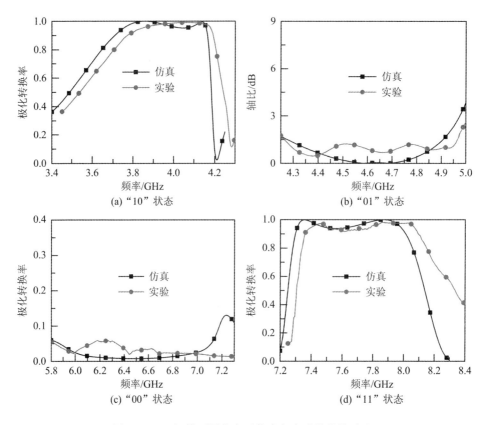

(a) "10" 状态

(b) "01" 状态

(c) "00" 状态

(d) "11" 状态

图 6.24　二极管不同状态下仿真与实验的性能对比

参 考 文 献

[1] SMITH D R, PADILLA W J, VIER D C, et al. Composite medium with simultaneously negative permeability and permittivity[J]. Phys. Rev. Lett, 2000, 84(18): 4184-4187.

[2] PENDRY J B. Negative refraction makes a perfect lens[J]. Phys. Rev. Lett, 2000, 85(18): 3966-3969.

[3] ZHAO G, BI S, NIU M, et al. A zero refraction metamaterial and its application in electromagnetic stealth cloak[J]. Mater. Today Commun, 2019, 21: 100603.

[4] SUI S, MA H, WANG J, et al. Absorptive coding metasurface for further radar cross section reduction[J]. J. Phys. D. Appl. Phys, 2018, 51(6): 065603.

[5] DUAN Y, LEI H, HUANG L, et al. Metasurface-based hierarchical structures: excellent electromagnetic wave absorbers with low-infrared emissivity layer[J]. Adv. Eng. Mater, 2022, 24(9): 2200127.

[6] ZHANG T, DUAN Y, HUANG L, et al. Huygens' metasurface based on induced magnetism: enhance the microwave absorption performance of magnetic coating[J]. Adv. Mater. Interfaces, 2022, 9(12): 2102559.

[7] HOLLOWAY C L, KUESTER E F, BAKER-JARVIS J, et al. A double negative (DNG) composite medium composed of magnetodielectric spherical particles embedded in a matrix[J]. IEEE Trans. Antennas Propag, 2003, 51(10): 2596-2603.

[8] KHAN M I, KHALID Z, TAHIR F A. Linear and circular-polarization conversion in X-band using anisotropic metasurface[J]. Sci. Rep, 2019, 9: 94552.

[9] LIU C, GAO R, LIU S, et al. Meander-line based high-efficiency ultrawideband linear cross-polarization conversion metasurface [J].

Appl. Phys. Express，2021，14(7)：074001.

[10] LIU C，GAO R，WANG Q，et al. A design of ultra-wideband linear cross-polarization conversion metasurface with high efficiency and ultra-thin thickness[J]. J. Appl. Phys，2020，127(15)：5143831.

[11] ABDULLAH，KAMAL B，ULLAH S，et al. Cross polarization conversion metasurface for fixed wireless and ku-band applications[J]. Int. J. Commun. Syst，2022，35(3)：e5033.

[12] SUI S，MA H，WANG J，et al. Symmetry-based coding method and synthesis topology optimization design of ultra-wideband polarization conversion metasurfaces[J]. Appl. Phys. Lett. ，2016，109(1)：014104.

[13] SONG Q，ZHANG W，WU P C，et al. Water-resonator-based metasurface：an ultrabroadband and near-unity absorption[J]. Adv. Opt. Mater. ，2017，5(8)：1601103.

[14] LE D H，JEONG H，PHAM T L，et al. A rotary transformable kirigami-inspired metasurface for broadband electromagnetic absorption using additive manufacturing technology[J]. Smart Mater. Struct，2021，30(7)：075002.

[15] RYOO H，JEON W. Perfect sound absorption of ultra-thin metasurface based on hybrid resonance and space-coiling[J]. Appl. Phys. Lett. ，2018，113(12)：121903.

[16] LUO Y，HUANG L，DING J，et al. Flexible and transparent broadband microwave metasurface absorber based on multipolar interference engineering[J]. Opt. Express，2022，30(5)：7694-7707.

[17] JADEJA R，CHAROLA S，PATEL S K，et al. Numerical investigation of graphene-based efficient and broadband metasurface for terahertz solar absorber[J]. J. Mater. Sci. ，2020，55(8)：3462-3469.

[18] LIU B，HE Y，WONG S W，et al. Multifunctional vortex beam generation by a dynamic reflective metasurface[J]. Adv. Opt. Mater. ，2021，9(4)：2001689.

[19] LI H，WANG G，ZHU L，et al. Wideband beam-forming metasurface with simultaneous phase and amplitude modulation[J]. Opt. Commun. ，2020，466：124601.

[20] SHI H，WANG L，PENG G，et al. Generation of multiple modes microwave vortex beams using active metasurface[J]. IEEE Antennas

Wirel. Propag. Lett. , 2019, 18(1): 59-63.

[21] CHEN W T, KHORASANINEJAD M, ZHU A Y, et al. Generation of wavelength-independent subwavelength Bessel beams using metasurfaces[J]. Light Sci. Appl. , 2017, 6(5): e16259.

[22] YANG P, YANG R, ZHU J. Wave manipulation with metasurface lens in the cassegrain system[J]. J. Phys. D. Appl. Phys. , 2019, 52(35): 355101.

[23] ARBABI E, LI J, HUTCHINS R J, et al. Two-Photon microscopy with a double-wavelength metasurface objective lens[J]. Nano Lett. , 2018, 18(8): 4943-4948.

[24] SWAIN R, NAIK D K, PANDA A K. Low-loss ultra-wideband beam switching metasurface antenna in X-band [J]. IET Microwaves Antennas Propag. , 2020, 14(11): 1216-1221.

[25] LIU S, YANG D, CHEN Y, et al. Low-profile broadband metasurface antenna under multimode resonance [J]. IEEE Antennas Wirel. Propag. Lett. , 2021, 20(9): 1696-1700.

[26] ZHANG W, LIU Y, JIA Y. Circularly polarized antenna array with low RCS using metasurface-inspired antenna units[J]. IEEE Antennas Wirel. Propag. Lett. , 2019, 18(7): 1453-1457.

[27] ZHU H, QIU Y, WEI G. A broadband dual-polarized antenna with low profile using nonuniform metasurface[J]. IEEE Antennas Wirel. Propag. Lett. , 2019, 18(6): 1134-1138.

[28] NGUYEN L N. A MIMO antenna with enhanced gain using metasurface[J]. Appl. Comput. Electromagn. Soc. J. , 2021, 36(4): 458-464.

[29] REN Z, LIU R, ZHANG Y, et al. Nonpolarizing narrow band metamaterial transmission filter based on electromagnetically induced transparency at visible wavelengths[J]. Mater. Lett. , 2021, 296: 129832.

[30] CAI S, HU W, LIU Y, et al. Optical fiber hydrogen sensor using metasurfaces composed of palladium[J]. Chinese Opt. Lett. , 2022, 20(5): 053601.

[31] ISLAM M S, SULTANA J, BIABANIFARD M, et al. Tunable localized surface plasmon graphene metasurface for multiband superabsorption and terahertz sensing[J]. Carbon N. Y. , 2020, 158:

559-567.

[32] WEIGIHOFER W S, LAKHTAKIA A. Introduction to complex mediums for optics and electromagnetics[J]. Mater. Today, 2004, 7(4): 776.

[33] LIBERAL I, ENGHETA N. Near-zero refractive index photonics[J]. Nat. Photonics, 2017, 11(3): 49-158.

[34] JIANG L, FANG B, YAN Z, et al. Terahertz high and near-zero refractive index metamaterials by double layer metal ring microstructure[J]. Opt. Laser Technol. , 2020, 123: 105949.

[35] FU Y, ZHANG X, XU Y, et al. Design of zero index metamaterials with PT symmetry using epsilon-near-zero media with defects[J]. J. Appl. Phys. , 2017, 121(9): 094503.

[36] KHAN M I, KHALID Z, KHAN S A, et al. Multiband linear and circular polarization converting anisotropic metasurface for wide incidence angles[J]. J. Phys. D Appl. Phys. , 2019, 53(9): 095005.

[37] XIA R, JING X, GUI X, et al. Broadband terahertz half-wave plate based on anisotropic polarization conversion metamaterials[J]. Opt. Mater. Express, 2017, 7(3): 977.

[38] VESELAGO V G. The electrodynamic of substances with simultaneous negative values of ε and μ[J]. Sov. Phys. Uspekhi, 1968, 10(4): 509-514.

[39] PENDRY J B, HOLDEN A J, ROBBINS D J, et al. Low frequency plasmons in thin-wire structures[J]. J. Phys. Condens. Matter, 1998, 10(22): 4785-4810.

[40] PENDRY J B, HOLDEN A J, ROBBINS D J, et al. Magnetism from conductors and enhanced nonlinear phenomena [J]. IEEE Trans. Microw. Theory Tech. , 1999, 47(11): 2075-2084.

[41] SHELBY R A, SMITH D R, SCHULTZ S. Experimental verification of a negative index of refraction[J]. Science, 2001, 292(5514): 77-79.

[42] CHEN H, RAN L, HUANGFU J, et al. Left-handed materials composed of only S-shaped resonators[J]. Phys. Rev. E, 2004, 70(5): 057605.

[43] HUANGFU J, RAN L, CHEN H, et al. Experimental confirmation of negative refractive index of a metamaterial composed of Ω-like metallic patterns[J]. Appl. Phys. Lett. , 2004, 84(9): 1537-1539.

[44] ZHANG S, FAN W, MALLOY K J, et al. Near-infrared double

negative metamaterials[J]. Opt. Express, 2005, 13(13): 4922-4930.

[45] CHETTIAR U K, XIAO S, KILDISHEV A V, et al. Optical metamagnetism and negative-index metamaterials [J]. MRS Bull. , 2008, 33(10): 921-926.

[46] LIU X, ZHANG J, LI W, et al. Three-band polarization converter based on reflective metasurface[J]. IEEE Antennas Wirel. Propag. Lett. , 2017, 16: 924-927.

[47] WU X, XIA X, TIAN J, et al. Broadband reflective metasurface for focusing underwater ultrasonic waves with linearly tunable focal length [J]. Appl. Phys. Lett. , 2016, 108(16): 163502.

[48] YI H, QU S W, CHEN B J, et al. Flat Terahertz reflective focusing metasurface with scanning ability[J]. Sci. Rep. , 2017, 7(1): 3478.

[49] YU S, LI L, SHI G, et al. Design, fabrication, and measurement of reflective metasurface for orbital angular momentum vortex wave in radio frequency domain[J]. Appl. Phys. Lett. , 2016, 108(12): 121903.

[50] TARAVATI S, ELEFTHERIADES G V. Full-duplex reflective beamsteering metasurface featuring magnetless nonreciprocal amplification[J]. Nat. Commun. , 2021, 12(1): 4414.

[51] BAI X. High-efficiency transmissive metasurface for dual-polarized dual-mode OAM generation[J]. Results Phys. , 2020, 18: 103334.

[52] LAN J, ZHANG X, LIU X, et al. Wavefront manipulation based on transmissive acoustic metasurface with membrane-type hybrid structure [J]. Sci. Rep. , 2018, 8(1): 14171.

[53] ZHENG S, LI C, WU S, et al. Terahertz transmissive metasurface for realizing beam steering by frequency scanning[J]. J. Light. Technol. , 2021, 39(17): 5502-5507.

[54] LI H, LI Y B, CHEN G, et al. High-resolution near-field imaging and far-field sensing using a transmissive programmable metasurface[J]. Adv. Mater. Technol. , 2022, 7(5): 2101067.

[55] LI Z, CHEN W, CAO H. Beamforming design and power allocation for transmissive RMS-based transmitter architectures[J]. IEEE Wirel. Commun. Lett. , 2022, 11(1): 53-57.

[56] HAO J, YUAN Y, RAN L, et al. Manipulating electromagnetic wave polarizations by anisotropic metamaterials [J]. Phys. Rev. Lett. ,

2007，99(6)：063908.

[57] YU N，GENEVET P，KATS M A，et al. Light propagation with phase discontinuities：generalized laws of reflection and refraction[J]. Science，2011，334(6054)：333-337.

[58] GAO X，HAN X，CAO W P，et al. Ultrawideband and high-efficiency linear polarization converter based on double V-shaped metasurface[J]. IEEE Trans. Antennas Propag.，2015，63(8)：3522-3530.

[59] WANG H B，CHENG Y J，MEMBER S，et al. Wideband and wide-angle single-layered-substrate linear-to-circular polarization metasurface converter[J]. IEEE Trans. Antennas Propag.，2019，68(2)：1186-1191.

[60] FEI P，VANDENBOSCH G A E，GUO W，et al. Versatile cross-polarization conversion chiral metasurface for linear and circular polarizations[J]. Adv. Opt. Mater.，2020，8(13)：2000194.

[61] ZHENG Q，GUO C，DING J. Wideband metasurface-based reflective polarization converter for linear-to-linear and linear-to-circular polarization conversion[J]. IEEE Antennas Wirel. Propag. Lett.，2018，17(8)：1459-1463.

[62] KAMAL B，CHEN J，YIN Y，et al. Design and experimental analysis of dual-band polarization converting metasurface[J]. IEEE Antennas Wirel. Propag. Lett.，2021，20(8)：1409-1413.

[63] FAHAD A K，RUAN C J，ALI S A K M，et al. Triple-wide-band Ultra-thin Metasheet for transmission polarization conversion[J]. Sci. Rep.，2020，10(1)：8810.

[64] LI Z Y，LI S J，HAN B W，et al. Quad-band transmissive metasurface with linear to dual-circular polarization conversion simultaneously[J]. Adv. Theory Simulations，2021，4(8)：2100107.

[65] WANG H，SUI S，LI Y，et al. Passive reconfigurable coding metasurface for broadband manipulation of reflective amplitude，phase and polarization states[J]. Smart Mater. Struct.，2020，29(1)：015029.

[66] TAO Z，WAN X，PAN B C，et al. Reconfigurable conversions of reflection，transmission，and polarization states using active metasurface[J]. Appl. Phys. Lett.，2017，110(12)：121901.

[67] CHEN L，MA H L，RUAN Y，et al. Dual-manipulation on wave-front

based on reconfigurable water-based metasurface integrated with PIN diodes[J]. J. Appl. Phys. , 2019, 125(2): 023107.

[68] TIAN J, CAO X, GAO J, et al. A reconfigurable ultra-wideband polarization converter based on metasurface incorporated with PIN diodes[J]. J. Appl. Phys. , 2019, 125(13): 135105.

[69] GAO X, YANG W L, MA H F, et al. A reconfigurable broadband polarization converter based on an active metasurface[J]. IEEE Trans. Antennas Propag. , 2018, 66(11): 6086-6095.

[70] GUAN C, FENG R, RATNI B, et al. Broadband tunable metasurface platform enabled by dynamic phase compensation [J]. Opt. Lett. , 2022, 47(3): 573-576.

[71] ZHANG J, LIU Y, JIA Y, et al. High-gain Fabry-Pérot antenna with reconfigurable scattering patterns based on varactor diodes[J]. IEEE Trans. Antennas Propag. , 2022, 70(2): 922-930.

[72] ZHANG M, ZHANG W, LIU A Q, et al. Tunable polarization conversion and rotation based on a reconfigurable metasurface[J]. Sci. Rep. , 2017, 7(1): 12068.

[73] WANG R, LI L, LIU J, et al. Triple-band tunable perfect terahertz metamaterial absorber with liquid crystal[J]. Opt. Express, 2017, 25(26): 32280-32289.

[74] WU J, SHEN Z, GE S, et al. Liquid crystal programmable metasurface for terahertz beam steering[J]. Appl. Phys. Lett. , 2020, 116(13): 131104.

[75] KOMAR A, FANG Z, BOHN J, et al. Electrically tunable all-dielectric optical metasurfaces based on liquid crystals[J]. Appl. Phys. Lett. , 2017, 110(7): 071109.

[76] TIAN J, LAURELL F, PASISKEVICIUS V, et al. Demonstration of terahertz ferroelectric metasurface using a simple and scalable fabrication method[J]. Opt. Express, 2018, 26(21): 27917-27930.

[77] LAN C, ZHU D, GAO J, et al. Flexible and tunable terahertz all-dielectric metasurface composed of ceramic spheres embedded in ferroelectric/ elastomer composite[J]. Opt. Express, 2018, 26(9): 11633-11638.

[78] QIN J, HUANG F, LI X, et al. Enhanced second harmonic generation

from ferroelectric HfO_2-Based hybrid metasurfaces[J]. ACS Nano, 2019, 13(2): 1213-1222.

[79] LIU H, WANG Z H, LI L, et al. Vanadium dioxide-assisted broadband tunable terahertz metamaterial absorber[J]. Sci. Rep., 2019, 9(1): 5751.

[80] ZHANG H, LIU Y, LIU Z, et al. Multi-functional polarization conversion manipulation via graphene-based metasurface reflectors[J]. Opt. Express, 2021, 29(1): 70-81.

[81] SORATHIYA V, PATEL S K, KATRODIYA D. Tunable graphene-silica hybrid metasurface for far-infrared frequency[J]. Opt. Mater. (Amst)., 2019, 91: 155-170.

[82] CHEN Z H, TAO J, GU J H, et al. Tunable metamaterial-induced transparency with gate-controlled on-chip graphene metasurface[J]. Opt. Express, 2016, 24(25): 29217-29226.

[83] LI H, MA C, ZHOU T, et al. Reconfigurable fresnel lens based on an active second-order bandpass frequency-selective surface[J]. IEEE Trans. Antennas Propag., 2020, 68(5): 4054-4059.

[84] DEBOGOVIC T, PERRUISSEAU-CARRIER J. Low loss MEMS-reconfigurable 1-bit reflectarray cell with dual-linear polarization[J]. IEEE Trans. Antennas Propag., 2014, 62(10): 5055-5060.

[85] YU H, CAO X, GAO J, et al. Design of a wideband and reconfigurable polarization converter using a manipulable metasurface [J]. Opt. Mater. Express, 2018, 8(11): 3373-3381.

[86] MA X L, PAN W B, HUANG C, et al. An active metamaterial for polarization manipulating[J]. Adv. Opt. Mater., 2014, 2(10): 945-949.

[87] SUN S, JIANG W, GONG S, et al. Reconfigurable linear-to-linear polarization conversion metasurface based on PIN diodes[J]. IEEE Antennas Wirel. Propag. Lett., 2018, 17(9): 1722-1726.

[88] LI Y, LI H, WANG Y, et al. A novel switchable absorber/linear converter based on active metasurface and its application[J]. IEEE Trans. Antennas Propag., 2020, 68(11): 7688-7693.

[89] LI Y, CAO Q, WANG Y. A wideband multifunctional multilayer switchable linear polarization metasurface[J]. IEEE Antennas Wirel.

Propag. Lett. ，2018，17(7)：1314-1318.

[90] LI Y，WANG Y，CAO Q. Design of a multifunctional reconfigurable metasurface for polarization and propagation manipulation[J]. IEEE Access，2019，7：129183-129191.

[91] YANG H，CAO X，YANG F，et al. A programmable metasurface with dynamic polarization, scattering and focusing control[J]. Sci. Rep. ，2016，6：35692.

[92] WANG H L，MA H F，CHEN M，et al. A reconfigurable multifunctional metasurface for full-Space control of electromagnetic waves[J]. Adv. Funct. Mater. ，2021，31(25)：2100275.

[93] 郭少华. 各向异性电磁波导论[M]. 北京：科学出版社，2014.

[94] 廖延彪. 偏振光学[M]. 北京：科学出版社，2003.

[95] LIN B Q，GUO J X，CHU P，et al. Multiple-band linear-polarization conversion and circular polarization in reflection mode using a symmetric anisotropic metasurface[J]. Phys. Rev. Appl. ，2018，9(2)：024038.

[96] 刘瑾. 基于有源超表面的电磁波调控理论与应用研究[D]. 西安：西安电子科技大学，2020.

[97] 王秀芝，高劲松，徐念喜. 利用等效电路模型快速分析加载集总元件的微型化频率选择表面[J]. 物理学报，2013，62(20)：207301.

[98] SMYTHE W R. Static and dynamic electricity [M]. N. Y.：Hemisphere，1989.

[99] VINOY K J. Radar absorbing materials：theory to design and characterization[M]. Boston：Kluwer Academic Publishers，1996.

[100] MARQUÉS R，MARTEL J，MESA F，et al. Left-handed-media simulation and transmission of EM waves in subwavelength split-ring-resonator-loaded metallic waveguides[J]. Phys. Rev. Lett. ，2002，89(18)：183901.

[101] HUANG X，XIAO B，GUO L，et al. Triple-band linear and circular reflective polarizer based on E-shaped metamaterial[J]. J. Opt. (United Kingdom)，2014，16(12)：125101.

[102] ZHANG P，ZHAO M，WU L，et al. Giant circular polarization conversion in layer-by-layer nonchiral metamaterial[J]. J. Opt. Soc. Am. A，2013，30(9)：1714-1718.

[103] MA X，HUANG C，PU M，et al. Multi-band circular polarizer using

planar spiral metamaterial structure [J]. Opt. Express, 2012, 20(14): 16050.

[104] HUANG X, YANG D, YANG H. Multiple-band reflective polarization converter using U-shaped metamaterial [J]. J. Appl. Phys., 2014, 115(10): 13-19.

[105] LI T Q, LIU H, LI T, et al. Magnetic resonance hybridization and optical activity of microwaves in a chiral metamaterial [J]. Appl. Phys. Lett., 2008, 92(13): 131111.

[106] HUANG X, YANG D, YU S, et al. Dual-band asymmetric transmission of linearly polarized wave using Ⅱ-shaped metamaterial [J]. Appl. Phys. B Lasers Opt., 2014, 117(2): 633-638.

[107] DECKER M, KLEIN M W, WEGENER M, et al. Circular dichroism of planar chiral magnetic metamaterials [J]. Opt. Lett., 2007, 32(7): 856-858.

[108] FEDOTOV V A, ROSE M, PROSVIRNIN S L, et al. Sharp trapped-mode resonances in planar metamaterials with a broken structural symmetry[J]. Phys. Rev. Lett., 2007, 99(14): 147401.

[109] MUTLU M, AKOSMAN A E, SEREBRYANNIKOV A E, et al. Asymmetric transmission of linearly polarized waves and polarization angle dependent wave rotation using a chiral metamaterial[J]. Opt. Express, 2011, 19(15): 14290-14299.

[110] CAO Z, QI X, ZHANG G, et al. Asymmetric light propagation in transverse separation modulated photonic lattices [J]. Opt. Lett., 2013, 38(17): 3212-3215.

[111] HUANG C, FENG Y, ZHAO J, et al. Asymmetric electromagnetic wave transmission of linear polarization via polarization conversion through chiral metamaterial structures[J]. Phys. Rev. B-Condens. Matter Mater. Phys., 2012, 85(19): 195131.

[112] HUANG X, MA X, LI X, et al. Simultaneous realization of polarization conversion for reflected and transmitted waves with bifunctional metasurface[J]. Sci. Rep., 2022, 12(1): 2368.

[113] HAO J, YUAN Y, RAN L, et al. Manipulating electromagnetic wave polarizations by anisotropic metamaterials [J]. Phys. Rev. Lett., 2007, 99(6): 063908.

[114] GRADY N K, HEYES J E, CHOWDHURY D R, et al. Terahertz metamaterials for linear polarization conversion and anomalous refraction[J]. Science, 2013, 340(6138): 1304-1307.

[115] YANG W, MENG Q, CHE W, et al. Low-Profile wideband dual-circularly polarized metasurface antenna array with large beamwidth [J]. IEEE Antennas Wirel. Propag. Lett., 2018, 17(9): 1613-1616.

[116] BAENA J D, GLYBOVSKI S B, DEL RISCO J P, et al. Broadband and thin linear-to-circular polarizers based on self-complementary Zigzag metasurfaces [J]. IEEE Trans. Antennas Propag., 2017, 65(8): 4124-4133.

[117] WANG Z, CHENG F, WINSOR T, et al. Optical chiral metamaterials: A review of the fundamentals, fabrication methods and applications[J]. Nanotechnology, 2016, 27(41): 421001.

[118] LIU S, CUI T J, XU Q, et al. Anisotropic coding metamaterials and their powerful manipulation of differently polarized terahertz waves [J]. Light Sci. Appl., 2016, 5(5): e16076.

[119] LIU X, LI W, ZHAO Z, et al. Babinet principle for anisotropic metasurface with different substrates under obliquely incident plane wave[J]. IEEE Trans. Microw. Theory Tech., 2018, 66(6): 2704-2713.

[120] WU X, MENG Y, WANG L, et al. Anisotropic metasurface with near-unity circular polarization conversion[J]. Appl. Phys. Lett., 2016, 108(18): 183502.

[121] WANG Z, JIA H, YAO K, et al. Circular dichroism metamirrors with near-perfect extinction [J]. ACS Photonics, 2016, 3(11): 2096-2101.

[122] JING L, WANG Z, MATURI R, et al. Gradient chiral metamirrors for spin-selective anomalous reflection[J]. Laser Photonics Rev., 2017, 11(6): 1700115.

[123] GANSEL J K, THIEL M, RILL M S, et al. Gold helix photonic metamaterial as broadband circular polarizer [J]. Science, 2009, 325(5947): 1513-1515.

[124] JI R, WANG S W, LIU X, et al. Broadband circular polarizers constructed using helix-like chiral metamaterials [J]. Nanoscale,

2016，8(31)：14725-14729.

[125]　ZHAO Y，BELKIN M A，ALÙ A. Twisted optical metamaterials for planarized ultrathin broadband circular polarizers ［J］. Nat. Commun.，2012，3870.

[126]　JIA Y，LIU Y，ZHANG W，et al. Ultra-wideband and high-efficiency polarization rotator based on metasurface［J］. Appl. Phys. Lett.，2016，109(5)：051901.

[127]　PENG L，LI X F，JIANG X，et al. A novel THz half-wave polarization converter for cross-polarization conversions of both linear and circular polarizations and polarization conversion ratio regulating by graphene［J］. J. Light. Technol.，2018，36(19)：4250-4258.

[128]　MA X，HUANG C，PU M，et al. Dual-band asymmetry chiral metamaterial based on planar spiral structure［J］. Appl. Phys. Lett.，2012，101(16)：161901.

[129]　YI H，QU S W，NG K B，et al. Terahertz wavefront control on both sides of the cascaded metasurfaces ［J］. IEEE Trans. Antennas Propag.，2018，66(1)：209-216.

[130]　LI K，LIU Y，JIA Y，et al. A circularly polarized high-gain antenna with low RCS over a wideband using chessboard polarization conversion metasurfaces［J］. IEEE Trans. Antennas Propag.，2017，65(8)：4288-4292.

[131]　GLYBOVSKI S B，TRETYAKOV S A，BELOV P A，et al. Metasurfaces：from microwaves to visible［J］. Phys. Rep，2016，634：1-72.

[132]　PFEIFFER C，GRBIC A. Millimeter-wave transmitarrays for wavefront and polarization control［J］. IEEE Trans. Microw. Theory Tech.，2013，61(12)：4407-4417.

[133]　ZHANG L，MEI S，HUANG K，et al. Advances in full control of electromagnetic waves with metasurfaces［J］. Adv. Opt. Mater.，2016，4(6)：818-833.

[134]　DING F，PORS A，BOZHEVOLNYI S I. Gradient metasurfaces：A review of fundamentals and applications［J］. Reports Prog. Phys.，2018，81(2)：026401.

[135]　CAI T，WANG G M，FU X L，et al. High-efficiency metasurface with polarization-dependent transmission and reflection properties for

both reflectarray and transmitarray [J]. IEEE Trans. Antennas Propag. , 2018, 66(6): 3219-3224.

[136] LEI Z, YANG T. Converting state of polarization with a miniaturized metasurface device [J]. IEEE Photonics Technol. Lett. , 2017, 29(7): 615-618.

[137] LIU X, LI W, LU R, et al. Analysis of high-efficiency cross-polarized converter at oblique incidence[J]. IEEE Antennas Wirel. Propag. Lett. , 2017, 16: 2291-2294.

[138] YU N, GENEVET P, KATS M A, et al. Light propagation with phase discontinuities: generalized laws of reflection and refraction[J]. Science, 2017, 334(6054): 333-337.

[139] WU P C, TSAI W Y, CHEN W T, et al. Versatile polarization generation with an aluminum plasmonic metasurface[J]. Nano Lett. , 2017, 17(1): 445-452.

[140] XIE Y B, LIU Z Y, WANG Q J, et al. Controlling the state of polarization via optical nanoantenna feeding with surface plasmon polaritons[J]. Appl. Phys. Lett. , 2016, 108(13): 131102.

[141] LI J, CHEN S, YANG H, et al. Simultaneous control of light polarization and phase distributions using plasmonic metasurfaces[J]. Adv. Funct. Mater. , 2015, 25(5): 704-710.

[142] HUANG X, CHEN J, YANG H. High-efficiency wideband reflection polarization conversion metasurface for circularly polarized waves[J]. J. Appl. Phys. , 2017, 122(4): 043102.

[143] TIAN F, WANG Y, HE J, et al. Broadband and high-efficient reflective linear-to-circular polarizer with Wi-Fi shaped metasurface [J]. J. Phys. D. Appl. Phys. , 2022, 55(32): 325002.

[144] WU J L, LIN B Q, DA X Y, et al. A linear-to-circular polarization converter based on I-shaped circular frequency selective surfaces[J]. Chinese Phys. B, 2017, 26(9): 094201.

[145] LIN B Q, HUANG W Z, LV L T, et al. Ultra-wideband linear-to-circular polarization conversion realized by an 8-shaped metasurface [J]. Plasmonics, 2021, 16(2): 629-634.

[146] JIA Y, LIU Y, ZHANG W, et al. Ultra-wideband metasurface with linear-to-circular polarization conversion of an electromagnetic wave

[J]. Opt. Mater. Express, 2018, 8(3): 597.

[147] HUANG X, YANG H, ZHANG D, et al. Ultrathin dual-band metasurface polarization converter [J]. IEEE Trans. Antennas. Propag. , 2019, 67(7): 4636-4641.

[148] ASADCHY V S, ALBOOYEH M, TCVETKOVA S N, et al. Perfect control of reflection and refraction using spatially dispersive metasurfaces[J]. Phys. Rev. B, 2016, 94(7): 075142.

[149] TUNG N T, THUY V T T, PARK J W, et al. Left-handed transmission in a simple cut-wire pair structure[J]. J. Appl. Phys. , 2010, 107(2): 023530.

[150] FEDOTOV V A, MLADYONOV P L, PROSVIRNIN S L, et al. Asymmetric propagation of electromagnetic waves through a planar chiral structure[J]. Phys. Rev. Lett. , 2006, 97(16): 167401.

[151] LI Z, LIU C, RONG X, et al. Tailoring MoS_2 valley-polarized photoluminescence with super chiral near-field[J]. Adv. Mater. , 2018, 30(34): 1801908.

[152] KONG X, XU J, MO J J, et al. Broadband and conformal metamaterial absorber [J]. Front. Optoelectron. , 2017, 10 (2): 124-131.

[153] SOUNAS D L, ALÙ A. Non-Reciprocal Photonics Based on Time Modulation[J]. Nat. Photonics, 2017, 11(12): 774-783.

[154] SHEN Z, ZHANG Y L, CHEN Y, et al. Reconfigurable optomechanical circulator and directional amplifier [J]. Nat. Commun. , 2018, 9(1): 1797.

[155] APLET L J, CARSON J W. A faraday effect optical isolator[J]. Appl. Opt. , 1964, 3(4): 544.

[156] MIROSHNICHENKO A E, BRASSELET E, KIVSHAR Y S. Reversible optical nonreciprocity in periodic structures with liquid crystals[J]. Appl. Phys. Lett. , 2010, 96(6): 063302.

[157] SHOJI Y, MIZUMOTO T. Magneto-Optical Non-Reciprocal Devices in Silicon Photonics [J]. Sci. Technol. Adv. Mater. , 2014, 15: 014602.

[158] MENZEL C, HELGERT C, ROCKSTUHL C, et al. Asymmetric transmission of linearly polarized light at optical metamaterials[J].

Phys. Rev. Lett. , 2010, 104(25): 253902.

[159] BA C, HUANG L, LIU W, et al. Narrow-band and high-contrast asymmetric transmission based on metal-metal-metal asymmetric gratings[J]. Opt. Express, 2019, 27(18): 25107-25118.

[160] PARAPPURATH N, ALPEGGIANI F, KUIPERS L, et al. The origin and limit of asymmetric transmission in chiral resonators[J]. ACS Photonics, 2017, 4(4): 884-890.

[161] WANG K, GU X, LIU J, et al. Proposal for CEP measurement based on terahertz air photonics[J]. Front. Optoelectron. , 2018, 11(4): 407-412.

[162] MUTLU M, AKOSMAN A E, SEREBRYANNIKOV A E, et al. Diodelike asymmetric transmission of linearly polarized waves using magnetoelectric coupling and electromagnetic wave tunneling [J]. Phys. Rev. Lett. , 2012, 108(21): 213905.

[163] LIU Y, XIA S, SHI H, et al. Efficient dual-band asymmetric transmission of linearly polarized wave using a chiral metamaterial [J]. Prog. Electromagn. Res. C, 2017, 73: 55-64.

[164] PLUM E, FEDOTOV V A, ZHELUDEV N I. Planar metamaterial with transmission and reflection that depend on the direction of incidence[J]. Appl. Phys. Lett. , 2009, 94(13): 131901.

[165] KHAN S, EIBERT T F. A dual-Band metasheet for asymmetric microwave transmission with polarization conversion [J]. IEEE Access, 2019, 7: 98045-98052.

[166] PFEIFFER C, ZHANG C, RAY V, et al. High performance bianisotropic metasurfaces: Asymmetric transmission of light[J]. Phys. Rev. Lett. , 2014, 113(2): 023902.

[167] LI F, CHEN H, HE Q, et al. Design and implementation of metamaterial polarization converter with the reflection and transmission polarization conversion simultaneously [J]. J. Opt. (United Kingdom), 2019, 21(4): 045102.

[168] CHENG Y, NIE Y, WANG X, et al. An ultrathin transparent metamaterial polarization transformer based on a twist-split-ring resonator[J]. Appl. Phys. A Mater. Sci. Process. , 2013, 111(1): 209-215.

[169] MIRZAMOHAMMADI F, NOURINIA J, GHOBADI C, et al. A dual-wideband bi-layered chiral metamaterial to develop cross-polarization conversion and asymmetric transmission functionalities for the linearly polarized electromagnetic waves[J]. AEU-Int. J. Electron. Commun., 2019, 111: 152916.

[170] MIRZAMOHAMMADI F, NOURINIA J, GHOBADI C, et al. A bi-layered chiral metamaterial with high-performance broadband asymmetric transmission of linearly polarized wave[J]. AEU-Int. J. Electron. Commun., 2019, 98: 58-67.

[171] STEPHEN L, YOGESH N, SUBRAMANIAN V. Broadband asymmetric transmission of linearly polarized electromagnetic waves based on chiral metamaterial[J]. J. Appl. Phys., 2018, 123(3): 033103.

[172] HAN S, YANG H, GUO L, et al. Manipulating linearly polarized electromagnetic waves using the asymmetric transmission effect of planar chiral metamaterials[J]. J. Opt. (United Kingdom), 2014, 16(3): 035105.

[173] LIU D J, XIAO Z Y, WANG Z H. Multi-band asymmetric transmission and 90° polarization rotator based on bi-layered metasurface with F-shaped structure[J]. Plasmonics, 2017, 12(2): 445-452.

[174] LIU D J, XIAO Z Y, MA X L, et al. Asymmetric transmission of linearly and circularly polarized waves in metamaterial due to symmetry-breaking[J]. Appl. Phys. Express, 2015, 8(5): 052001.

[175] LI M L, ZHANG Q, QIN F F, et al. Microwave linear polarization rotator in a bilayered chiral metasurface based on strong asymmetric transmission[J]. J. Opt. (United Kingdom), 2017, 19(7): 075101.

[176] KENANAKIS G, XOMALIS A, SELIMIS A, et al. Three-dimensional infrared metamaterial with asymmetric transmission[J]. ACS Photonics, 2015, 2(2): 287-294.

[177] ZHOU Z, YANG H. Triple-band asymmetric transmission of linear polarization with deformed S-shape bilayer chiral metamaterial[J]. Appl. Phys. A Mater. Sci. Process., 2015, 119(1): 115-119.

[178] KIM M, YAO K, YOON G, et al. A broadband optical diode for linearly polarized light using symmetry-breaking metamaterials[J].

Adv. Opt. Mater. , 2017, 5(19): 1700600.

[179] LING Y, HUANG L, HONG W, et al. Polarization-switchable and wavelength-controllable multi-functional metasurface for focusing and surface-plasmon-polariton wave excitation[J]. Opt. Express, 2017, 25(24): 29812-29821.

[180] SONG Q H, WU P C, ZHU W M, et al. Split Archimedean spiral metasurface for controllable GHz asymmetric transmission[J]. Appl. Phys. Lett. , 2019, 114(15): 151105.

[181] ISMAIL KHAN M, HU B, CHEN Y, et al. Multiband efficient asymmetric transmission with polarization conversion using chiral metasurface[J]. IEEE Antennas Wirel. Propag. Lett. , 2020, 19(7): 1137-1141.

[182] LIU W, WU W, HUANG L, et al. Dual-band asymmetric optical transmission of both linearly and circularly polarized waves using bilayer coupled complementary chiral metasurface[J]. Opt. Express, 2019, 27(23): 33398-33410.

[183] HUANG X, GAO H, HE J, et al. Broadband linear polarizer with high-efficient asymmetric transmission using a chiral metasurface[J]. AEU-Int. J. Electron. Commun. , 2022, 152: 154244.

[184] HUANG X, XIAO B, YANG D, et al. Ultra-broadband 90° polarization rotator based on bi-anisotropic metamaterial[J]. Opt. Commun. , 2015, 338: 416-421.

[185] HE J, WANG S, LI X, et al. A broadband reconfigurable linear-to-circular polarizer/reflector based on PIN diodes[J]. Phys. Scr. , 2021, 96(12): 125846.